混凝土开裂机理、干缩微观分析及抗裂若干问题研究

张永存　著

U0312839

中国建材工业出版社

图书在版编目(CIP)数据

混凝土开裂机理、干缩微观分析及抗裂若干问题研究/
张永存著 . --北京:中国建材工业出版社,2018.4
ISBN 978-7-5160-2175-0

Ⅰ. ①混… Ⅱ. ①张… Ⅲ. ①混凝土—开裂—研究 ②
混凝土—抗裂性—研究 Ⅳ. ①TU528

中国版本图书馆 CIP 数据核字(2018)第 035591 号

内 容 简 介

本书介绍了混凝土裂缝的类型、成因、工程危害、控制标准、形成机理、防治
及修补措施等内容。总结了作者近年来在混凝土耐久性及抗裂方面所取得的研究成
果,重点对混凝土的收缩变形产生机理及抗收缩裂缝方面进行了分析探讨。

本书可供高等工科学校土木、交通类专业本科,研究生及相关专业的研究人员
和工程技术人员参考。

混凝土开裂机理、干缩微观分析及抗裂若干问题研究
张永存　著

出版发行:中国建材工业出版社
地　　址:北京市海淀区三里河路 1 号
邮　　编:100044
经　　销:全国各地新华书店
印　　刷:北京鑫正大印刷有限公司
开　　本:787mm×1092mm　1/16
印　　张:9
字　　数:220 千字
版　　次:2018 年 4 月第 1 版
印　　次:2018 年 4 月第 1 次
定　　价:48.80 元

本社网址:www.jccbs.com　微信公众号:zgjcgycbs
本书如出现印装质量问题,由我社市场营销部负责调换。联系电话:(010) 88386906

前　　言

近年来，随着高性能混凝土和高强混凝土的应用，混凝土的水灰比不断降低，从而致使混凝土的干燥收缩变形和早期自收缩变形不断增大，在内外约束作用下就会在混凝土内产生很大的拉应力，而混凝土抗拉强度很低，特别是早期强度更低，当拉应力大到混凝土的抗拉强度时，就会使混凝土发生开裂。因此，混凝土的裂缝问题愈加严重，越来越引起工程建设人员的关注。

本书分析了混凝土干燥收缩变形的形成机理、内部影响因素以及干缩应变的估算方法等。关于干缩变形的形成机理，在学术界主要有毛细孔张力理论、表面张力理论和层间水理论，其中毛细孔张力理论影响最大。毛细孔张力理论认为混凝土内存在着无数的毛细孔隙，并且毛细孔内的孔隙水是呈凹曲形的，因混凝土水分干燥蒸发而致使毛细孔内凹液面下降时，就会在孔隙内产生负压而使孔壁靠近，从而引起混凝土的干燥收缩变形。

本书以毛细孔张力理论为基础，采用 ANSYS 有限元软件建立了混凝土内单个毛细孔的数值分析模型，对混凝土的干缩应变和干缩应力进行了模拟计算。首先假定混凝土内液体表面张力为定值，凹液面主曲率半径依次下降为不同值，然后利用 ANSYS 有限元软件计算毛细孔相应的径向收缩位移，据此计算单个毛细孔的体积干缩应变及相应混凝土的体积干缩应变。其次，计算当凹液面主曲率半径下降幅度不变，而使毛细孔隙内液体表面张力依次降低，利用同样的方法计算相应的单个毛细孔的体积干缩应变及相应混凝土的体积干缩应变。最后，根据上述计算结果，分别绘制混凝土的体积干缩应变随混凝土毛细孔隙内凹液面主曲率半径及液体表面张力的变化曲线，从而近似地找出了混凝土干缩应变与毛细孔内液体表面张力、凹液面主曲率半径之间的关系。从微观角度建立了混凝土干缩应变的估算模型。

本书还进行了混凝土抗裂试验研究，主要包括表面粘贴吸水性模板抗裂试验、最大泡压法溶液表面张力测定试验、砂浆干燥收缩试验和砂浆强度测定试验等。书中分析了吸水性模板对混凝土表面硬度、外观质量、强度和抗裂能力的影响，研究了吸水性模板对混凝土裂缝的控制机理，提出了粘贴吸水性模板控制混凝土表面裂缝的方法，可以从外在因素上提高混凝土的抗裂能力。通过试验发现叔丁醇具有明显减小液体表面张力的作用，能够减小混凝土的干缩和自收缩变形，同时对混凝土的强度影响不大，可以作为混凝土减缩剂使用，掺入适量叔丁醇可以从内在材料因素上来提高混凝土的抗裂能力。

书中结合工程实际进行了水化热仿真分析，结果表明，通过采取外保（钢模外贴聚乙烯苯板对混凝土进行保温）、内降（混凝土结构内部通冷水管散热）相结合的防裂措施可以明显减小混凝土结构内的温度应力，现场实测所得混凝土各典型点的温度变化情况和仿真分析结果基本一致，说明了仿真分析结果的可信性和抗裂措施的可行性。经过调查和分析研究发现，温度应力、干缩变形和自收缩变形是造成该工程中混凝土结构开裂的主要原因，结合本书通过室内试验工作提出来的两种抗裂方法（混凝土表面粘贴吸水性模板养护、适量掺入叔丁醇减缩剂），针对该工程实际情况制订了一套综合防裂方案，具体应用结果显示其抗裂效果显著。

本书还分析了影响混凝土抗裂能力的主要因素，对已有的混凝土抗裂性能评定指标进行了研究，引入了抗裂变形指数（混凝土在外荷载作用下的变形与自由体积变形之比），以此作为混凝土的综合抗裂能力评定指标。

作者
2018 年 2 月

目　　录

1　绪论 ··· 1
　1.1　研究背景 ··· 1
　1.2　混凝土收缩变形研究现状 ······································· 4
　　1.2.1　干缩预测模型 ··· 4
　　1.2.2　自收缩预测模型 ··· 7
　1.3　课题的提出及研究意义 ·· 10
　1.4　本书的主要研究内容 ·· 11
　参考文献 ··· 12
2　混凝土裂缝的分类、危害及控制要求 ································ 15
　2.1　混凝土裂缝的分类 ·· 15
　　2.1.1　按可见度进行分类 ·· 15
　　2.1.2　按危害程度进行分类 ······································ 15
　　2.1.3　按裂缝出现的时间进行分类 ································ 16
　　2.1.4　按裂缝产生的原因进行分类 ································ 16
　　2.1.5　其他分类方法 ·· 16
　2.2　混凝土裂缝的危害及其控制要求 ································ 17
　2.3　本章小结 ·· 18
　参考文献 ··· 18
3　混凝土在不同因素影响下开裂机理分析 ······························ 20
　3.1　混凝土收缩变形引起的裂缝 ···································· 20
　　3.1.1　混凝土的干燥收缩变形 ···································· 20
　　3.1.2　混凝土温度升降变形 ······································ 27
　　3.1.3　混凝土的自身体积收缩变形 ································ 29
　　3.1.4　混凝土的塑性收缩变形 ···································· 30
　　3.1.5　混凝土的碳化收缩变形 ···································· 30
　　3.1.6　混凝土变形的约束开裂 ···································· 31
　3.2　混凝土的钢筋锈胀裂缝 ·· 33
　　3.2.1　钢筋的锈蚀机制及其受制因素 ······························ 34
　　3.2.2　氯盐的危害作用 ·· 37
　　3.2.3　RC 工程的防害措施 ·· 38
　3.3　混凝土的碱骨料反应裂缝 ······································ 38
　　3.3.1　混凝土 ASR 机制及其受制因素 ······························ 38

　　　3.3.2　混凝土工程的 ASR 裂缝"病害"以及预防措施 ………… 41
　3.4　外荷载作用引起的裂缝 ……………………………………… 42
　3.5　结构基础不均匀下沉引起的裂缝 …………………………… 44
　3.6　冻胀引起的裂缝 ……………………………………………… 44
　3.7　施工工艺及质量引起的裂缝 ………………………………… 45
　3.8　本章小结 ……………………………………………………… 46
　参考文献 …………………………………………………………… 46

4　混凝土干缩变形的微观分析与数值模拟 ……………………… 48
　4.1　比表面吉布斯自由能与表面张力 …………………………… 48
　　　4.1.1　分散度 ……………………………………………… 48
　　　4.1.2　比表面吉布斯自由能 ……………………………… 49
　　　4.1.3　表面张力 …………………………………………… 49
　4.2　表面张力、凹液面曲率对混凝土毛细孔内液体压力的影响 … 50
　　　4.2.1　弯曲液面的附加压力 ……………………………… 50
　　　4.2.2　混凝土毛细孔受力状态分析 ……………………… 51
　4.3　毛细孔隙干缩变形的 ANSYS 有限元模拟计算 …………… 52
　　　4.3.1　混凝土体积干缩应变与孔隙内凹形液面曲率半径之间的关系 … 52
　　　4.3.2　混凝土干缩变形与孔隙内液体表面张力的关系 … 60
　　　4.3.3　干缩应变估算模型建立 …………………………… 64
　　　4.3.4　干缩应变模拟计算当中存在的不足 ……………… 65
　4.4　本章小结 ……………………………………………………… 65
　参考文献 …………………………………………………………… 66

5　混凝土抗裂理论分析与试验研究 ……………………………… 68
　5.1　表面贴吸水性模板抗裂试验 ………………………………… 68
　5.2　混凝土减缩剂试验研究 ……………………………………… 76
　　　5.2.1　减缩剂发展概况 …………………………………… 76
　　　5.2.2　混凝土减缩剂的研究进展 ………………………… 76
　　　5.2.3　混凝土减缩剂的减缩机理及其对混凝土物理性能的影响 … 79
　　　5.2.4　减缩剂调配试验设计 ……………………………… 80
　5.3　纤维混凝土抗裂 ……………………………………………… 87
　　　5.3.1　混凝土的性能 ……………………………………… 87
　　　5.3.2　纤维性能 …………………………………………… 88
　　　5.3.3　聚丙烯纤维性能及作用 …………………………… 89
　　　5.3.4　改性聚丙烯纤维的工程应用 ……………………… 91
　5.4　本章小结 ……………………………………………………… 91
　参考文献 …………………………………………………………… 92

6　淅川 3 标刁河渡槽工程综合防裂研究 ……………………… 94
　6.1　工程背景 ……………………………………………………… 94

　　　6.1.1　工程简介　……………………………………………… 94
　　　6.1.2　槽身段产生裂缝情况　………………………………… 94
　　　6.1.3　裂缝产生原因初步分析　……………………………… 96
　6.2　研究目的和意义　…………………………………………… 96
　6.3　温控防裂重点部位　………………………………………… 97
　6.4　仿真研究　…………………………………………………… 97
　　　6.4.1　计算目的及研究内容　……………………………… 97
　　　6.4.2　计算模型　……………………………………………… 98
　　　6.4.3　计算参数及工况　……………………………………… 98
　　　6.4.4　典型点分布　…………………………………………… 99
　　　6.4.5　不同月份浇筑的渡槽混凝土温度及应力分析　…… 100
　　　6.4.6　计算结果分析及建议　……………………………… 113
　　　6.4.7　工程测试数据对比分析　…………………………… 113
　6.5　温控防裂流程　……………………………………………… 116
　　　6.5.1　温控防裂材料　……………………………………… 116
　　　6.5.2　冷却管路及水管　…………………………………… 118
　　　6.5.3　温度监测系统　……………………………………… 119
　6.6　温控防裂措施　……………………………………………… 119
　　　6.6.1　配合比优化　………………………………………… 119
　　　6.6.2　控制浇筑温度　……………………………………… 120
　　　6.6.3　调节内外温差　……………………………………… 120
　　　6.6.4　通水冷却　…………………………………………… 120
　　　6.6.5　控制拆模时间　……………………………………… 121
　　　6.6.6　预应力施加　………………………………………… 121
　　　6.6.7　实施温度监测　……………………………………… 121
　6.7　本章小结　…………………………………………………… 121
　参考文献　………………………………………………………… 122
7　混凝土抗裂能力评价及裂缝治理方法探讨　………………… 123
　7.1　混凝土抗裂能力评价　……………………………………… 123
　　　7.1.1　影响混凝土抗裂能力的因素　……………………… 123
　　　7.1.2　混凝土抗裂性指标的研究　………………………… 124
　　　7.1.3　抗裂能力评价效果分析　…………………………… 126
　7.2　混凝土裂缝的治理修补措施　……………………………… 127
　7.3　本章小结　…………………………………………………… 130
　参考文献　………………………………………………………… 130
8　结论　…………………………………………………………… 132
　8.1　本书主要工作总结　………………………………………… 132
　8.2　有待进一步研究的内容　…………………………………… 133

1 绪 论

1.1 研究背景

混凝土和其他土木工程材料相比较，具有经济价廉、强度高、可装饰性强、施工便利等优点，在桥梁、隧道、房屋建筑、港口堤坝等实际工程中得到了广泛应用。纵观混凝土的整个发展历史，从最初的普通混凝土，到后来的钢筋混凝土及预应力混凝土，再到近年来应用比较普遍的高强度、高性能混凝土，混凝土每个性能的改善、每个进步的取得都无不凝聚了劳动人民的智慧和汗水。在漫长的人类工程实践当中，人们对混凝土的各项性能不断地进行思考、改良和完善。裂缝是混凝土这种工程材料不可避免的一个弊病，它也是各国工程师们期待能够取得突破性进展的一个亟待解决的问题[1-3]。图 1-1 所示为实际工程中经常出现的混凝土裂缝的形式。混凝土一旦出现裂缝，其强度、刚度、耐久性及外观质量都会受到一定程度的影响，因此，有必要对各种裂缝的形成机理进行深入的探讨和分析研究，从而为混凝土裂缝的防治工作提出一些可资借鉴的方法和措施[4-10]。

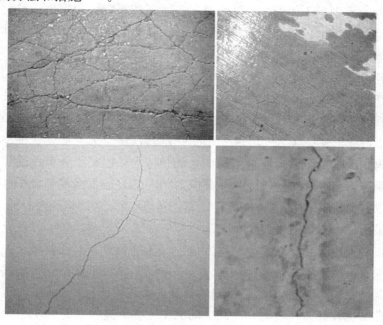

图 1-1　实际工程中经常出现的混凝土裂缝的形式

混凝土的发展历史比较悠久，最早可以追溯到公元前 200 年，那时的古罗马人就知道怎么把石子、砂子、水和一种粉尘物混合制成混凝土，这种粉尘物当然不是现代意义上的胶凝材料水泥，据文献记载应该是一种维苏威火山喷发物。古罗马人正是使用这种原始意义上的混凝土建造成了人类建筑史上的奇迹——万神庙穹顶。由于这种材料制造起来比较麻烦，工序比较多，并且强度不是很高，所以在那时并没有得到广泛使用。直到 19 世纪才出现了真正现代意义上的混凝土，它是由石子、砂子这两种粗细骨料和水泥通过和水拌合而制成的一种人造石材。1824 年，英国工程师约瑟夫·阿斯普丁发明了水泥这种人类历史上具有划时代意义的建筑材料，据说它和当时英国波特兰的石材比较相似，所以也把这种水泥称为波特兰水泥。后来水泥被应用到混凝土中，充分展示了水泥的特性。

钢筋混凝土的发明者是法国人莫尼尔，据说他是一位花卉商人，1867 年，他尝试性地用水泥包裹钢丝网制成了结实耐用的花盆和水盆，并把这种方法成功推广应用到了梁和楼板的制造上，同时取得了这一技术（在混凝土内放入铁条和钢丝网）的专利权。钢筋混凝土的出现大大扩展了混凝土的使用范围，它把钢筋和混凝土这两种性能完全不同的建筑材料结合在一起使用，依靠钢筋受拉，混凝土主要承受压力，充分发挥了两种材料各自的优点。两种材料能够完美地结合在一起共同工作的基础是：

① 钢筋与混凝土之间具有很好的黏结力，在外荷载作用下，二者能够协调变形、共同工作。

② 钢材的线膨胀系数大约为 1.2×10^{-5} ，混凝土的线膨胀系数为 $1.0 \times 10^{-5} \sim 1.5 \times 10^{-5}$ ，二者比较接近。所以在温度发生变化时，钢筋和其周围的混凝土不会因为热胀冷缩不协调而破坏它们之间的黏结力。

③ 钢筋包裹在混凝土内部，外层的混凝土对钢筋起到保护作用，避免了钢筋在周围环境因素的作用下过早地发生锈蚀，同时也使钢筋不至于在发生火灾时由于软化而造成结构的垮塌。

预应力混凝土是 1886 年由德国工程师多切林发明的，随后法国工程师弗莱辛奈针对预应力混凝土开展了大量的研究工作。弗莱辛奈的构思是在混凝土尚未凝固时张拉钢筋，使钢筋处于绷紧状态，当混凝土凝固硬化之后，放松钢筋的拉力，从而使混凝土在使用阶段可能出现拉应力的区域先承受一定的预压应力。如果这种事先在混凝土内建立起来的预压应力大于构件自重所产生的拉应力，混凝土就只承受压应力，这样就避免了混凝土荷载裂缝的出现。和承载能力相同的普通钢筋混凝土梁相比，预应力混凝土梁可以减少材料的用量，减轻结构的自重，从而增大结构的跨越能力。近年来，桥梁结构中采用的大多是预应力混凝土。

近些年，又出现了高强混凝土和高性能混凝土的概念，高强混凝土是在水泥和砂石这些常规原材料的基础上，人为地加入了一定量的减水剂和活性矿物掺和材料（如粉煤灰、硅灰、高炉矿渣等），这样得到的混凝土水灰比低、强度高，同时混凝土的和易性和工作性又比较好。一般把 C60 以上的混凝土称为高强混凝土，C100 以上者称为超高强混凝土。高性能混凝土是采用高新技术，利用现代制作工艺形成的混凝土。它能够大幅度地改善混凝土的各项性能（包括耐久性、和易性、适用性、强度和安全性、体积稳定性、经济性等）。低水灰比是高性能混凝土的主要特点，在具体制作时必须掺加足够的矿物细掺料和高效外加剂，选用品质优良的各种原材料[21-23]。

混凝土具有抗压强度高、经济价廉、取材方便、可塑性强、耐火耐高温、不易风化、养护维修费用低等优点，混凝土已经发展成为当今世界使用最广泛的建筑材料。但是混凝土也存在着难以克服的自身弊病，那就是抗拉强度低，容易产生各种形式的裂缝。很多工程实践和理论研究都表明，几乎所有的混凝土构件都是带裂缝工作的，只是有些裂缝很细，甚至肉眼看不见（裂缝宽度小于 0.05mm），这样的裂缝对结构的使用无大的危害，可允许其存在；有些裂缝在使用荷载或外界物理、化学因素的综合作用下，不断产生和扩展延伸，结果致使混凝土碳化、保护层剥落、钢筋锈蚀，在很大程度上劣化了混凝土的强度、刚度、整体性和外观质量，混凝土耐久性降低，最终影响到结构的正常使用，严重时甚至造成整个建筑结构的垮塌，所以对混凝土裂缝必须严格加以控制。我国现行公路、铁路、建筑、水利等部门设计规范均采用限制构件裂缝宽度的办法来保证混凝土结构的正常使用[11-15]。

混凝土暴露在干燥的环境中不可避免地会发生体积收缩，如果结构物受到边界条件的限制和约束不能自由伸缩，那么就会在混凝土结构物内产生一定大小的拉应力（称为干缩应力）[8-17]，混凝土作为一种脆性材料其抗拉强度和极限拉应变很小，从而在混凝土结构物表面产生了干缩裂缝。混凝土由于干缩应力的影响产生裂缝后，一方面破坏了结构物的完整性，对建筑物的外观质量和使用性产生不可忽视的影响，另一方面降低了混凝土的耐久性，造成钢筋过早锈蚀，建筑物发生渗漏或冻胀破坏，久而久之就会对建筑物的承载力和安全性埋下隐患。

了解产生各种混凝土裂缝（特别是干缩裂缝）的深层次原因，对混凝土裂缝的产生机理进行分类探讨和分析研究，建立起比较符合实际情况的混凝土干缩变形与各种主要影响因素之间的数量关系，这将有助于预防和减少混凝土裂缝。

混凝土的干燥收缩是引起混凝土体积收缩的因素中很重要的一个方面，多年来国内外有很多学者和工程技术人员都对这一研究领域产生了浓厚兴趣并进行了大量的研究工作，但研究工作主要集中在采取什么措施可以避免或减少混凝土的干缩裂缝方面，也提出了一些很好的措施来预防混凝土干缩问题，但都没有在这一领域获得突破性的进展。

Bazant[33]、Man Yop Han[34]、Torrenti[35]、Majorana[36]、Wittmann[32]、牛焱洲[2]、王同生[3]、朱岳明、王铁梦[6]等国内外的专家学者都曾对混凝土的干缩问题进行过系列的理论分析和实验研究，并各自取得了一定的研究成果。但是他们大都是从细观和宏观的角度来研究干缩应力和干缩应变及其影响因素的，很少有从微观角度对单个毛细孔来进行建模、分析和研究的，而混凝土干缩的表面张力理论早已说明正是由于微观上所有毛细孔隙的收缩累加才产生混凝土在宏观体积上的明显收缩。所以笔者认为要想在混凝土干缩方面取得更大的进步，应该从微观方面对混凝土的干缩应力和干缩应变进行认真研究，从本质上把握造成混凝土干缩的机理，这样对于将来能够在实际工程中更好地避免混凝土干缩开裂无疑有很重要的意义。而国内外在这一方面的研究工作并不多。

1.2　混凝土收缩变形研究现状

混凝土的收缩裂缝问题曾引起许多学者的兴趣和关注，从 19 世纪以来，国内外有很多科研工作者和土木工程技术人员在这个领域开展了很多工作，并取得了不少研究成果，如 Dischinger、Glanville、Troxell、Arutyunian、Aleksandrovskii、McHenry、Pickett、Powers、Mattock、Neville、Hansen、Rüsch、Dilger、Wittman、Trost、Hilsdorf、Huet、Carol、Müller 等。截至目前，人们通过大量的理论分析和试验研究，已经在混凝土收缩变形发生机理、干燥收缩和早期自收缩模型建立、混凝土收缩裂缝预防和收缩变形抑制措施等方面获取了大量宝贵的研究成果。

1.2.1　干缩预测模型

关于混凝土的干缩理论模型，国内外有很多学者都做过这方面的研究，并取得了很多有价值的研究成果，现总结如下。

（1）ACI209 模型[41]

为了计算和预测混凝土干缩应变，美国认证协会（American Certification Institute，ACI）曾提出这样的计算公式：

$$\varepsilon_{sh}(t,t_{sh,0}) = \frac{(t-t_{sh,0})}{35+(t-t_{sh,0})}\varepsilon_{sh,\infty} \quad （湿养）$$

$$\varepsilon_{sh}(t,t_{sh,0}) = \frac{(t-t_{sh,0})}{55+(t-t_{sh,o})}\varepsilon_{sh,\infty} \quad （蒸养）$$

(1-1)

式中：$\varepsilon_{sh}(t,t_{sh,0})$——干缩应变；

　　　　t——龄期（d）；

　　　　$t_{sh,0}$——开始干燥的龄期（d）；

　　　　$\varepsilon_{sh,\infty}$——最终干缩应变。

（2）Bazant-panula 模型[43]

该模型考虑的因素比较全面，计算公式复杂，需要确定的参数有很多，其具体表达式如下：

$$\varepsilon_{cs}(t,t_s) = \varepsilon_{cs0}\beta_s(t,t_s)$$

$$\varepsilon_{cs0} = \varepsilon_{cs}\beta_{RH}$$

$$\beta_{RH} = \begin{cases} 1-\left(\dfrac{RH}{100}\right)^3 & RH < 98\% \\ -0.20 & RH = 100\% \end{cases}$$

$$\varepsilon_{cs} = \left(1330 - \frac{970}{390Z^{-4}+1}\right)\times 10^{-6}$$

$$Z = \left[1.25\sqrt{a/c} + 0.5(g/s)^2\right]\left(\frac{1+s/c}{w/c}\right)^{1/3}\sqrt{f_{c28}} - 12$$

$$\beta_s(t,t_s) = \sqrt{\frac{t-t_s}{\tau_{sh} + (t-t_s)}}$$

$$\tau_{sh} = \frac{(k_s \cdot h)^2}{C_1(t_s)}; \quad h = 2\frac{V}{S}; \quad C_1(t_s) = 2.4 + \frac{120}{\sqrt{t_s}} \tag{1-2}$$

式中：$\varepsilon_{cs}(t,t_s)$——混凝土的干缩应变；

$\quad\quad \varepsilon_{cs0}$——混凝土的最终收缩应变；

$\quad \beta_s(t,t_s)$——混凝土干缩发展因子；

$\quad\quad\quad t$——混凝土龄期（d）；

$\quad\quad\quad t_s$——混凝土开始干缩的龄期（d）；

$\quad\quad RH$——环境的相对湿度（%）；

$\quad\quad\quad Z$——与混凝土强度、组分等因素有关的函数；

$\quad\quad a/c$——骨料与水泥的质量比；

$\quad\quad g/s$——砂与水泥的质量比；

$\quad\quad s/c$——砂与水泥的质量比；

$\quad\quad w/c$——水灰比；

$\quad\quad f_{c28}$——混凝土在 28 天时的棱柱体抗压强度（MPa）；

$\quad\quad k_s$——形状因子，一般取 1；

$\quad\quad\quad h$——截面有效高度（mm）；

$\quad C_1(t_s)$——混凝土在龄期为 t_s 时的湿度扩散比例因子；

$\quad\quad V/S$——混凝土比表面积（mm）。

（3）Dilger 模型[42]

该模型适合于高性能混凝土，它把总收缩变形划分为两部分：干缩和基本收缩。对于水灰比为 0.15～0.4、浆体体积占其总体积 30% 左右、掺入 5% 以上的硅灰并且采用高效减水剂的混凝土，比较适合采用这种模型进行分析。其计算公式如下：

$$\varepsilon_{cs}(t,t_s) = \varepsilon_{bs}(t) + \varepsilon_{ds}(t,t_s)$$

$$\varepsilon_{bs} = \varepsilon_{bs0}\beta_{bs}(t) \times 10^{-6}$$

$$\beta_{bs0} = \begin{cases} 700 \times \exp\left(-3.5 \times \dfrac{w}{c}\right) + 120 & \text{（掺加了硅灰的混凝土）} \\ 700 \times \exp\left(-3.5 \times \dfrac{w}{c}\right) & \text{（未掺加硅灰的混凝土）} \end{cases}$$

$$\beta_{bs}(t) = \frac{t^{0.7}}{\gamma_{bs} + \alpha_{bs}t^{0.7}}, \quad \gamma_{bs} = 16.7 \times (1-\alpha_{bs}), \quad \alpha_{bs} = 1.04 - \frac{w}{3c}$$

$$\varepsilon_{ds} = \varepsilon_{ds0}\beta_{RH}\beta_{ds}(t,t_s) \times 10^{-6}$$

$$\varepsilon_{ds0} = \left(100 \times \frac{w}{c}\right)^2 f_{c28}^{-0.23} + 200, \quad \beta_{RH} = 1.22 - 1.75 \times \left(\frac{RH}{100}\right)^3$$

$$\beta_{ds}(t,t_s) = \frac{(t-t_s)^{0.6}}{0.0016 \times \left(\dfrac{V}{S}\right)^2 \gamma_{ds} + (t-t_s)^{0.6}}$$

$$\gamma_{ds} = 6.42 + 1.5\ln(t_s) \tag{1-3}$$

式中：ε_{cs}——总收缩应变；

　　ε_{bs}——基本收缩应变；

　　ε_{ds}——干燥收缩应变；

　　w/c——混凝土的水灰比；

　　t——混凝土龄期（d）；

　　f_{c28}——混凝土在 28d 时的棱柱体抗压强度（MPa）；

　　RH——环境相对湿度（%）；

　　V/S——混凝土的比表面积（mm）；

　　t_s——干缩开始的龄期（d）；

　　t——混凝土龄期（d）。

（4）CEB-FIP 模型[42]

这是由欧洲混凝土协会-国际预应力混凝土协会（CEB-FIP）提出的干缩应变估算模型。比较适合于强度在 60MPa 以下的混凝土干缩应变估算和预测。

$$\varepsilon_{cs}(t,t_s) = \varepsilon_{cs0}\beta_s(t,t_s), \quad \varepsilon_{cs0} = \varepsilon_s(f_{c28})\beta_{RH}$$

$$\varepsilon_s(f_{c28}) = (160 + 10\beta_{sc}(9 - 0.1f_{c28})) \cdot 10^{-6}$$

$$\beta_{RH} = \begin{cases} 1.55 - \left(\dfrac{RH}{100}\right)^3 & (40 \leqslant RH \leqslant 99\%) \\ -0.20 & (RH > 100\%) \end{cases}$$

$$\beta_s(t,t_s) = \sqrt{\frac{t - t_s}{0.035h^2 + (t - t_s)}} \tag{1-4}$$

式中：ε_{cs0}——混凝土最大干缩应变；

　　ε_s——混凝土干缩应变；

　　β_{sc}——和水泥品种有关的系数；

　　β_{RH}——相对湿度系数；

　　RH——周围环境的相对湿度（%）；

　　f_{c28}——混凝土 28d 抗压强度平均值（MPa）；

　　t_s——干缩开始的龄期（d）；

　　t——混凝土龄期（d）；

　　h——截面有效厚度（mm）。

（5）王铁梦模型[38]

王铁梦是我国混凝土裂缝研究方面的知名专家，他将国内近二十年来的 1220 次试验数据进行了整理和分析，提出了混凝土干缩变形的计算公式：

$$\varepsilon(t) = 3.24 \times 10^{-4} \times (1 - e^{-0.01t}) \cdot M_1 \cdot M_2 \cdots M_n \tag{1-5}$$

式中：M_n——在各种非标准条件下的修正系数，比如水泥类型和强度等级、水灰比、配筋、养护条件等。

1.2.2 自收缩预测模型

自收缩模型可分为分析模型和试验模型两种类型,分析模型是通过对自收缩的发生机理及其影响因素进行深入细致的研究之后建立起来的,而试验模型是通过对大量试验数据进行统计分析之后建立起来的。国内外比较有影响的自收缩模型主要有以下几种。

(1) Koenders-Breugel 模型[44]

该模型的基本观点是,毛细孔隙内液体的表面张力是引起自收缩变形的主要因素,其计算表达式为:

$$\Delta\lambda = \gamma_0 - \gamma = RT \int_0^p \Gamma \mathrm{d}[\ln(p)]$$
$$\varepsilon = \lambda \cdot \Delta\lambda \quad (1\text{-}6)$$
$$\lambda = \frac{\Sigma \cdot \rho}{3E}$$

式中:$\Delta\lambda$ ——表面能的减少;

R——气体常数;

T——热力学温度;

Γ——水蒸气压力 p 的作用厚度;

p——水蒸气的压力;

ε——自收缩应变;

λ——均衡系数;

Σ——孔隙的孔壁面积;

E——材料的弹性模量;

ρ——和材料性能相关的参数。

(2) Hua-Acker-Eriacher 模型

该模型也把毛细孔负压作为使混凝土产生自收缩变形的主要因素,其自收缩应变计算表达式为:

$$\varepsilon(t) = \int_0^t (1-2\nu) J(t,t') \mathrm{d}\Sigma'(t') \quad (1\text{-}7)$$

式中:$J(t,t')$ ——包含了徐变变形和弹性变形两部分,具体可通过相关实验来确定;

ν ——混凝土的泊松比。

(3) Tazawa-Miyazawa 模型[45]

该模型认为水泥矿物成分的水化速率、水化结合水含量和水化程度等是影响混凝土自收缩量值的关键因素。其自收缩应变表达式为:

$$\varepsilon_\mathrm{p} = -0.012\alpha_{C_3S}(t)P_{C_3S} - 0.07\alpha_{C_2S}(t)P_{C_2S} +$$
$$2.256\alpha_{C_3A}(t)P_{C_3A} + 0.085\alpha_{C_4AF}(t)P_{C_4AF} \quad (1\text{-}8)$$
$$\frac{\varepsilon_\mathrm{c}}{\varepsilon_\mathrm{p}} = \frac{(1-V_\mathrm{a})(K_\mathrm{a}/K_\mathrm{p}+1)}{1+K_\mathrm{a}/K_\mathrm{p}+V_\mathrm{a}(K_\mathrm{a}/K_\mathrm{p}-1)}$$

式中：ε_p ——水灰比为 0.3 的水泥浆体的自收缩应变；

　　　ε_c ——混凝土的自收缩应变；

　$\alpha_i(t)$ ——矿物在龄期 t 时的反应速率；

　　　P_i ——水泥中矿物 i 的含量；

　　　V_a ——骨料的用量；

E_a、E_p ——分别为骨料和水泥浆体的静弹性模量；

K_a、K_p ——分别为骨料和水泥浆体的体积弹性模量；

　　　ν ——混凝土的泊松比。

（4）安明哲自收缩模型[47]

安明哲把混凝土的自收缩应变 $\varepsilon(t,t_0)$ 划分为弹性应变 $\varepsilon_{sm}(t,t_0)$ 和徐变应变两部分，其中徐变应变又进一步划分为可恢复性的 $\varepsilon_k(t,t_0)$ 和不可恢复性的 $\varepsilon_{dm}(t,t_0)$。他运用单轴流变理论来对高性能混凝土的自收缩变形进行描述，认为在混凝土内部的各组成材料中，C-S-H 凝胶及其孔隙的收缩变形是黏弹性的，而粗细骨料、CH 和 AFT 结晶的收缩变形是弹性的。其自收缩应变的计算表达式为：

$$\varepsilon(t,t_0) = \varepsilon_{dm}(t,t_0) + \varepsilon_{sm}(t,t_0) + \varepsilon_k(t,t_0)$$

$$\varepsilon_{sm}(t,t_0) = \frac{\sigma'(t)}{E_m(t)}$$

$$\varepsilon(t,t_0) = \varepsilon_{sm}(t,t_0) + \int_{t_0}^{t} \varepsilon_{sm}(t,t_0) \frac{\mathrm{d}\varphi(t,t_0)}{\mathrm{d}t} \mathrm{d}t \qquad (1\text{-}9)$$

$$\varphi(t,t_0) = 15.643 - (66.19\mathrm{e}^{-\frac{1}{0.1631}} + 3.68\mathrm{e}^{-\frac{1}{10.13}})$$

式中：$\varphi(t,t_0)$ ——自徐变系数，可通过试验回归分析计算。

（5）Hashida-Yamazaki 模型[48]

该模型考虑了温度对混凝土早期变形的影响，在等效龄期理论的基础上，通过半绝热试验提出了下面的经验公式，该式可以用来对高强混凝土的自收缩变形进行预测。

$$\varepsilon_{as}(t) = \varepsilon_{ass} \cdot \exp\left\{ S_e \cdot \left[1 - \left(\frac{28 - t_{fs}}{1 - t_{fs}} \right)^{0.5} \right] \right\}$$

$$t = \sum_{i=1}^{n} \Delta t_1 \cdot \exp\left[13.65 - \frac{4000}{273 + T(\Delta t_i)} \right] \qquad (1\text{-}10)$$

式中：$\varepsilon_{as}(t)$ ——第 t 天的自收缩应变；

　　　t ——等效龄期；

　　ε_{ass} ——28 天的自收缩应变；

　　S_e ——自收缩参数，其值可由相关试验确定；

　　T ——混凝土在 Δt_i 期间的养护温度；

　　Δt_i ——温度 T 的持续时间。

（6）水化动力学模型

该模型是由国内学者阎培渝、郑峰[51-52]等人提出来的，其理论基础是混凝土水泥水化动力学理论，其自收缩表达式为：

N-G 阶段$(T_0 - T_1)$

$$AS = AS_2 \cdot b \cdot (1 - e^{-b \cdot K'_1 (t - T_0)}) \quad (\text{取} \ b = 10)$$

$$\frac{dAS}{dt} = AS_2 \cdot b \cdot K'_1 \cdot e^{-b \cdot K'_1 (t - T_0)} \quad (\text{取} \ b = 10) \qquad (1\text{-}11)$$

I-D 阶段$(T_1 - \infty)$

$$AS = AS_{\max} + \frac{AS_2 - AS_{\max}}{1 + c \cdot K'_3 \cdot (t - T_2)} \quad (\text{取} \ c = 2.8)$$

$$\frac{dAS}{dt} = \frac{c \cdot K'_3 \cdot (AS_{\max} - AS_2)}{[1 + c \cdot K'_3 \cdot (t - T_2)]^2} \quad (\text{取} \ c = 2.8)$$

$$\frac{1}{AS} = \frac{1}{AS_{\max}} + \frac{t_{50}}{AS_{\max}(t - T_0)}$$

式中：AS——混凝土自收缩；

AS_2——混凝土在 T_2 时刻的自收缩；

$AS_{\max}$——最终自收缩；

T_0——诱导期结束时间；

T_2——平台期结束时间；

K'_1——N-G 过程的反应速率常数；

K'_3——D 过程的反应速率常数；

b 和 c——常数。

（7）湿度线性关系模型

蒋正武[49]、苏安双[50]和巴恒静等人通过研究表明，相对湿度对混凝土自收缩变形影响显著，二者之间的关系可用下式表示：

$$\varepsilon_s = m \cdot h_s + n \qquad (1\text{-}12)$$

式中：ε_s——混凝土自收缩应变；

h_s——在自干燥作用下混凝土的相对湿度；

m 和 n——常数，混凝土浆体体积含量、矿物掺和料类型及用量、水灰比等因素制约和影响它们的取值。

从上面的各种预测模型可以看出，自收缩变形研究主要是从收缩机理方面进行的，旨在透过事物外相寻求隐藏在其背后的深层次本质，比较偏重于理论分析方面的研究。在建模时，由于参量（主要是指水泥水化参数和相对湿度等）选择的不同，使得各自收缩模型之间存在很大差异。而干缩模型主要是在对大量试验和工程数据分析之后建立起来的经验模型，具体建模时考虑了环境湿度、水灰比、干燥面积和混凝土内水泥浆体含量等很多因素，因此需要确定很多参数，使得公式很繁杂。

近年来，Xi 和 Jennings 等[53]研究者针对混凝土收缩变形建立了多尺度预测模型。这种多尺度模型能够把纳米、微米和毫米尺度较好地联系起来进行研究，通过计算混凝土内各组成成分的收缩值、体积模量和体积分数来对混凝土的宏观收缩变形进行计算。

1.3　课题的提出及研究意义

虽然近年来很多专家和学者针对混凝土裂缝开展了大量的理论分析和试验研究工作，并且也提出了很多裂缝预防和治理修补方面的宝贵建议和解决办法，取得了一系列很有价值的研究成果，很大程度上控制了混凝土结构物的裂缝问题，尽可能降低了裂缝的危害。但是，目前裂缝问题特别是非荷载因素产生的裂缝问题仍然不能从根本上得到解决，裂缝仍然是困扰工程技术人员无法回避的带有普遍技术性的难题。

随着低水灰比高强高性能混凝土在工程中的大量应用，混凝土在制作时普遍掺入了高效减水剂和超细矿物掺和材料，从而使得混凝土的裂缝问题越来越严重。特别是由于温度变化引起的收缩、早期自收缩和干燥收缩产生的裂缝问题日益严重。裂缝出现的时间也是越来越早，由原来的几个月提前到了几周、几天，往往在模板刚刚被拆除、混凝土尚在养护期内时就出现了一些裂缝。很难单纯从干缩应力或温度应力的角度来解释这一现象，研究证明这与混凝土的早期自收缩关系比较密切。要对非荷载因素产生的裂缝进行控制，从目前经常采用的措施来看，主要有在结构内增设构造钢筋、预设施工缝和后浇带、降低温差、洒水养护、采用膨胀水泥或在混凝土制作时掺入膨胀剂等。但控制温差和洒水养护只能使收缩变形的产生时间得到推迟，并不能真正减小混凝土的收缩变形值。在混凝土内加入适量膨胀剂确实可以补偿一部分的体积收缩，但却存在着如何延迟钙矾石生成、水泥的适应性等问题[16-25]。

因为自收缩在普通混凝土的总收缩中所占比例比较小，所以过去经常被人们忽略不计。但随着高强、高性能混凝土在工程中的大量使用，混凝土的水灰比越来越低，自收缩现象越来越明显，混凝土的早期开裂问题越来越严重，混凝土的自收缩问题越来越引起人们的关注。自收缩和干缩产生的机理在本质上是相同的，都是由于毛细孔失水，使得孔隙内凹液面下降，在孔壁上产生围压，使得毛细孔壁受到压缩，最终表现为混凝土在宏观上的体积收缩[26-30]。不同的是干缩是由于环境因素的作用使得混凝土内部的水分向外部迁移和挥发致使毛细孔内液面逐渐下降，而自收缩是由于混凝土内部水泥的水化反应耗水产生自干燥致使毛细孔内液面逐渐下降，自收缩在低水灰比、高强高性能混凝土中比较常见。Mak[37]经过研究得出，当混凝土的水灰比小于 0.3 时，其自收缩应变可以达到 $(2\sim4)\times10^{-4}$。当增加胶凝材料的用量或者在混凝土中掺入一定量的硅灰、磨细矿粉时，混凝土的自收缩值都会有明显增加。因此，采取什么措施减小混凝土的自收缩和干燥收缩变形，成为当今工程界研究的热点问题。

从目前来看，减小自收缩和干缩变形主要有下面几种措施：对混凝土进行早期养护、加入膨胀剂、采用纤维混凝土加强、掺入减缩剂等。其中，减缩剂是最近几年来才出现的一种新的方法。美国和日本等国家的学者在减缩剂领域进行过大量的研究工作，并开发出一系列比较理想的混凝土减缩剂，其化学成分主要是丙烯乙二醇及其衍生物，这是一种密度大约为 $0.95\ \mathrm{g/cm^3}$ 的水溶性液体。减缩剂能够与减水剂结合在一起应用，施工方便，减缩防裂效果比较明显。我国对减缩剂的研究起步比较晚，20 世纪 90 年代才开始进行这方面的研究和报导，由于减缩剂价钱比较昂贵，所以一直没有得到大范围的推广使用。随着社会经济的发展、减缩剂研究技术的进步，以及人们对混凝土裂缝问题的更加关注和重视，相信在不远的将来减缩剂一定会在工程实际当中得到更加广泛的应用[30-37]。

1.4 本书的主要研究内容

本书在查阅了大量的研究文献后，在现有研究成果的基础上，主要完成了以下工作：

（1）第 2、3 章：对各种混凝土裂缝的特点、危害、形成过程、发生发展机理和影响因素等进行了分析和探讨，重点研究了混凝土收缩变形（主要指干缩、自收缩和温缩）的约束开裂机制和主要影响因素。

（2）第 4 章：在对混凝土早期自收缩和干燥收缩变形的微观机理及影响因素（混凝土毛细孔水的表面张力、凹液面主曲率半径等）进行了深入细致的分析研究之后，利用 ANSYS 有限元软件[20-21]对单个毛细孔隙的干缩变形进行了建模和分析计算，从微观角度建立混凝土干缩应变的估算模型，这样可以更好地认识和理解混凝土的干缩和自收缩过程，这对混凝土抗裂有一定的帮助。

（3）第 5 章：基于前面已经进行的模拟计算和理论分析结果，开展了一系列试验工作（包括混凝土表面粘贴吸水性模板抗裂试验、采用最大泡压法测定不同浓度溶液的表面张力试验、水泥胶砂干燥收缩试验等）。在此基础上提出了几种可以减少、预防混凝土干缩裂缝的措施：混凝土灌模时在外表面粘贴吸水性模板养护；在配制混凝土时掺入一定量的自配减缩剂。

（4）第 6 章：结合课题组在研项目（淅川 3 标刁河渡槽综合施工技术研究），进行裂缝普查和分析研究，通过水化热仿真分析，研究了渡槽混凝土在浇筑完成之后各龄期典型点的温度和温度应力分布及变化情况，综合前面几章的研究成果制订出一个切合实际、应用效果显著的抗裂方案。

（5）第 7 章：考虑到现有的混凝土抗裂性能指标大都只能从某个侧面来对混凝土的抗裂能力进行分析和评价，使用局限性很大。所以在对混凝土抗裂能力的主要影响因素和现有各种评价指标体系进行分析研究之后，提出了一个能够对混凝土的抗裂性能进行全面综合评价的指标体系。在混凝土裂缝已经发生后，就要对裂缝进行现场普查，并判定裂缝的类型、分析裂缝的形成原因。如果是有害裂缝，就要采取相应的裂缝修补治理措施，第 7 章对混凝土裂缝的修补方法、修补机理和修补效果等进行了深入的探讨和研究。

参考文献

[1] 蔡正咏. 混凝土性能 [M]. 北京：中国建筑工业出版社，1979：64-87.

[2] 牛焱洲，涂传林. 混凝土浇筑块的湿度场与干缩应力 [J]. 水力发电学报，1991（2）：87-95.

[3] 王同生. 混凝土结构的随机温度应力 [J]. 水利学报，1985（1）：23-31.

[4] 袁迎曙. 钢筋混凝土结构局部补强的收缩应力分析 [J]. 土木工程学报，1996，29（1）：33-40.

[5] 朱伯芳. 大体积混凝土温度应力与温度控制 [M]. 北京：中国电力出版社，1999：298-305.

[6] 王铁梦. 建筑物的裂缝控制 [M]. 上海：上海科学技术出版社，1987：17-34.

[7] 李悦，霍达，王晓琳，等. 新型混凝土减缩剂的研究（Ⅰ）：水泥胶砂试验 [J]. 武汉理工大学学报，2003，25（11）：22-24.

[8] 陈润锋，张国防，顾国芳. 我国合成纤维混凝土研究与应用现状 [J]. 建筑材料学报，2001，4（2）：167-173.

[9] 汉南特 DJ. 纤维水泥与纤维混凝土 [M]. 鲁建业，译. 北京：中国建筑工业出版社，1986：15-18.

[10] 朱江. 聚丙烯纤维混凝土的防水性能及其应用 [J]. 新型建筑材料，2000，（2）：38-39.

[11] 姚武，马一平，谈慕华，等. 聚丙烯纤维水泥基复合材料物理力学性能研究（Ⅱ）：力学性能 [J]. 建筑材料学报，2000，3（3）：235-238.

[12] 李启棣，吴淑华，李怀素，等. 混凝土裂缝修补 [J]. 铁道建筑，1995.

[13] 罗锋. 混凝土裂缝产生的材性分析和修补材料研究 [J]. 国外建材科技，2005.

[14] 张伟平. 混凝土结构钢筋锈蚀损伤识别及其耐久性 [D]. 上海：同济大学，1999.

[15] 余红发，孙伟，金祖权，等. 土木工程结构混凝土寿命预测的损伤演化方程 [J]. 东南大学学报：自然科学版，2006，36（增刊Ⅱ）：216-220.

[16] 余寿文，冯西桥. 损伤力学 [M]. 北京：清华大学出版社，1997.

[17] 过镇海. 钢筋混凝土原理和分析 [M]. 北京：清华大学出版社，2003.

[18] 刘西拉，苗澎柯. 混凝土结构中的钢筋混凝土及耐久性计算 [J]. 土木工程学报，1990，23（4）：69-78.

[19] 孟庆超. 混凝土耐久性与孔结构影响因素的研究 [J]. 哈尔滨工业大学学报，2006，6.

[20] 王勖成. 有限单元法 [M]. 北京：清华大学出版社，2003：55-97.

[21] 郝文化. ANSYS土木工程应用实例 [M]. 北京：中国水利水电出版社，2005.

[22] 富文权，韩素芳. 混凝土工程裂缝分析与控制 [M]. 北京：中国铁道出版社，2003.

[23] 梅明荣，任青文. 混凝土结构的干缩应力研究综述 [J]. 水利水电科技进展，2002，6（3）：59-61.

[24] 吕联亚. 混凝土裂缝的成因和治理 [J]. 混凝土，1999，（5）：43-48.

[25] 高越美. 混凝土裂缝解析与防治 [J]. 青岛大学学报，2002，（2）：97-98.

[26] 徐崇泉，强亮生. 工科大学化学 [M]. 北京：高等教育出版社，2003.

[27] 赵文军，曹志勇. 干缩对混凝土结构物的影响及防治措施 [J]. 黑龙江水专学报，2003，12（4）：105-106.

[28] 肖瑞敏，张雄，乐嘉麟. 胶凝材料对混凝土干缩影响的研究 [J]. 混凝土与水泥制品，2002，

10 (5)：11-13.

[29] 卞荣兵．混凝土减缩剂的合成和试验 [J] ．化学建材，2002，20 (5)：43-46.

[30] 杨医博，高玉平，文梓芸．混凝土减缩剂研究进展 [J] ．化学建材，2002，(6)：16-19.

[31] 钱晓倩，詹树林，孟涛，等．减缩剂、膨胀剂与混凝土的抗裂性 [J] ．混凝土与水泥制品，2005，(1)：22-24.

[32] Wittmann F H，Schwesinger P. 高性能混凝土：材料特性与设计 [M] ．冯乃谦，译．北京：中国铁道出版社，1998：77-101.

[33] Bazant Z P，Xi Y. Drying creep of concrete ：constitutive model and experiments separating its mechanisms [J] . Materials and Structure，1994，27：3-14.

[34] Man Yop Han，Lytton R L. Theoretical prediction of drying shrinkage of concrete [J] . Journal of Materials in Civil Engineering，1995，7 (4)：204-207.

[35] Torrenti J M，Granger L，Diruy M，et al. Modeling concrete shrinkage under variable ambient conditions [J] . ACI Materials Journal，1999，96 (1)：35-39.

[36] Majorana C E，Vitaliani R. Numerical modeling of creep and shrinkage of concrete by finite element method [A] . In ：Bicanic N，Mang H eds. Computer Aided Analysis and Design of Concrete Structure，Proceedings of SCI 2C Second International Con ference Held in Zell am Sea [C] . Austria，1990. 773-784.

[37] Mak SL，Hynes JP. Creep and shrinkage of U Itra High-strength Concrete Subjected to High Hydration Temperature [J] . Cement and Concrete Research，1995，25 (8)：1791-1802.

[38] 王铁梦．工程结构裂缝控制 [M] ．北京：中国建筑工业出版社，1997：1-10.

[39] Davis H E. Autogenous volume change of concrete [C] . Proceeding of the 43rd Annual American Society for Testing Materials，Atlantic city，ASTM，1940：1103-1113.

[40] 蒋正武，孙振平，王新友，等．国外混凝土自收缩研究进展评述 [J] ．混凝土，2001 (4)：30-33.

[41] ACI Committee 209. Prediction of Creep，Shrinkage and Temperature Effect s in Concrete Structures (ACI209 R-82) [S] . American Concrete Institute，Detriot，1982：193-300.

[42] Gillilan J A. Thermal and shrinkage effects in high performance concrete structures during construction [D] . Calgary：University of Calgary，2000.

[43] Bazant Z P，Panula L. Practical prediction of time-dependent deformation of concrete [J] . Materials and Structures，1978 (9)：307-328.

[44] Zhutovsky S. Modeling of autogenous shrinkage [R] . Report of RILEM，Sendai，2002，169-178.

[45] Tazawa E，Miyazawa S. Influence of cement and admixture on autogenous shrinkage of cemente paste [J] . Cement and Concrete Research，1995，25 (7)：281-287.

[46] Hua C，Acker P，Ehrlacher A. Analyses and model autogenous shrinkage of hardening cement paste [J] . Cement and Concrete Research，1995，25 (7)：1457-1468.

[47] 安明哲．高性能混凝土自收缩的研究 [D] ．北京：清华大学，1999.

[48] Hashida H，Yamazaki N. Deformation composed of autogenous shrinkage and thermal expension due to hydration of high strength concrete and stress in reinforced structures [C] . Proceedings of the Third International Research Seminar on Self-Desiccation in Concrete. Lund，2002：77-93.

［49］蒋正武，孙振平，王培铭. 水泥浆体中自身相对湿度变化与自收缩的研究［J］. 建筑材料学报，2003，6（4）：345-349.

［50］苏安双. 高性能混凝土早期收缩性能及开裂趋势研究［D］. 哈尔滨：哈尔滨工业大学，2008.

［51］郑峰. 水泥基材料自收缩的动力学研究［D］. 北京：清华大学，2005.

［52］张君，阎培渝，覃维祖. 建筑材料［M］. 北京：清华大学出版社，2008.

［53］Xi Yunping, Jennings H M. Shrinkage of cement paste and concrete modeled by a multiscale effective homogeneous theory［J］. Materials and Structures，1997，30：329-339.

2 混凝土裂缝的分类、危害及控制要求

2.1 混凝土裂缝的分类

混凝土裂缝的类型很多，形成原因和发展过程也各不相同，通过调查各种裂缝可能出现的部位，裂缝的开裂方向（纵向、横向、竖向、垂直、斜交、水平等），裂缝的深度、宽度、长度及其延伸扩展情况等，获得了一些有关工程中出现的混凝土裂缝的第一手资料，笔者对这些资料进行整理和分析，并根据各种裂缝所表现出来的特点，从不同角度[1-5]对裂缝进行了细化和分类，这样有利于对裂缝进行有针对性的深入研究和探讨。

2.1.1 按可见度进行分类

（1）微观裂缝

微观裂缝的宽度很细小，在 0.05mm 以下，一般不连贯，仅凭肉眼是无法直接观察到的，在混凝土内部不可避免地存在着很多这样的裂缝，数量远远超过宏观裂缝。对它们进行研究需要借助一些先进的技术设备，可以通过光电显微镜对裂缝进行细致观察，也可以借助 X 射线或超声波探测仪等物理检测手段进行研究。微观裂缝又可以细分为水泥石裂缝、骨料裂缝和黏结裂缝等三种形式。水泥石裂缝是指在混凝土内部粗骨料颗粒之间的水泥石中产生的微裂缝。骨料裂缝是指骨料本身所固有的一种裂缝。黏结裂缝是指在骨料颗粒和水泥石之间的黏结面上出现的微裂缝，一般沿骨料的周围出现。

（2）宏观裂缝

宏观裂缝的宽度比较大，一般在 0.05mm 以上，凭肉眼就可以观察得到，工程中经常提到的裂缝通常就是指这种裂缝。

2.1.2 按危害程度进行分类

（1）有害裂缝

有害裂缝的宽度和深度都比较大，并且对结构物的整体性、强度、刚度、外观质量和耐久性会产生比较大的影响，因此对这种裂缝需要引起足够的重视，应做好裂缝的调查、分析和研究工作，尽可能采取措施避免或减少这种裂缝的出现。

（2）无害裂缝

无害裂缝的宽度不是很大，通常小于0.1mm，一般分布在建筑物的外表面，深度不大，属表面性的浅裂缝。这种裂缝的出现对结构物的承载能力或耐久性一般不会造成影响。

2.1.3 按裂缝出现的时间进行分类

（1）早期裂缝

早期裂缝经常出现在结构或构件的施工和制作过程中。由于混凝土早期强度比较低，混凝土在凝结硬化过程中由于体积收缩受限就会产生这样的裂缝，高强高性能混凝土水灰比都比较低，早期自收缩现象很明显，早期裂缝问题很严重。

（2）后期裂缝

在正常使用阶段，结构或构件由于各种内外因素的综合作用所产生的新裂缝，也包括原有裂缝的宽度扩展或长度延长。

2.1.4 按裂缝产生的原因进行分类

（1）结构性的裂缝

由外荷载作用产生的裂缝，也称为结构性的裂缝。结构在施工和使用阶段，会受到各种各样的荷载作用，当混凝土内由于荷载作用所产生的拉应力达到或超过混凝土的抗拉强度时，就不可避免地会出现这种裂缝，如混凝土梁在弯矩和剪力作用下所产生的正截面裂缝和斜截面裂缝。各国规范都通过限制裂缝宽度的办法来对这种裂缝进行控制。

（2）非结构性的裂缝

由变形引起的裂缝，也称为非结构性的裂缝。由于周围环境温湿度的变化，构件会发生不均匀的体积胀缩变形，从而在混凝土内就会产生裂缝。这种裂缝形式比较常见，像冻胀引起的裂缝、碱骨料反应产生的裂缝、钢筋锈胀所产生的裂缝、干缩裂缝、温度应力产生的裂缝、由于地基承载力不均匀造成基础不均匀沉降变形所引起的裂缝等都属于这种裂缝形式。一般可以通过在构造方面采取一些措施来避免或减少这种非结构性裂缝的出现[6-10]。

2.1.5 其他分类方法

除了前面提到的几种分类方法之外，也可以按照裂缝的深度和形状进行分类，如可以分为表面裂缝、贯穿裂缝、对角线裂缝、深层裂缝、横向裂缝等。还可以按照裂缝的运动情况进行分类，可以分为闭合裂缝、稳定裂缝、运动裂缝、不稳定裂缝等。

一些常见的混凝土裂缝形式如图2-1所示。

混凝土裂缝的外观和形态各异，在进行裂缝分析研究时，应该从调查裂缝外观形态入手，进而分析裂缝的产生机理，最后找出裂缝的预防和治理修补措施。

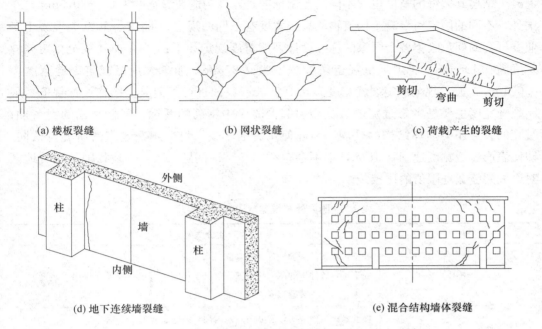

图 2-1　几种常见裂缝形式示意

2.2　混凝土裂缝的危害及其控制要求

　　混凝土结构在建设过程中会出现不同程度、不同形式的裂缝，这是一个相当普遍的现象，它是长期困扰着建筑工程技术人员的技术难题。

　　虽然结构设计是建立在强度的极限承载力基础上的，但大多数工程的使用标准却是由裂缝控制的。

　　结构的破坏和倒塌也都是从裂缝的扩展开始的，如强烈地震后震区的建筑物上布满了各种各样的裂缝，荷载试验的钢筋混凝土梁上出现大量裂缝等。所以人们对裂缝往往产生一种破坏前兆的恐惧感。的确，从近代固体强度理论的发展中可以看到，裂缝的扩展是结构物破坏的初始阶段；某些裂缝可能使结构的承载力受到一定威胁。同时，结构物裂缝可以引起渗漏，引起持久强度的降低，如保护层剥落、钢筋锈蚀、混凝土碳化等，所以，习惯的概念，甚至某些验收规范和某些工程现场都是不允许结构物上出现裂缝的。

　　但是，近代科学关于混凝土强度的细观研究[5]以及大量工程实践所提供的经验都说明，结构物的裂缝是不可避免的，裂缝是一种人们可以接受的材料特征，如对建筑物抗裂要求过严，必将付出巨大的经济代价。科学的要求应是将其有害程度控制在允许范围内。

　　我国的《混凝土结构设计规范》（GB 50010—2010）规定，在不同环境下，不同的混凝土结构其裂缝的宽度也有不同的控制标准，允许构造裂缝宽度为 0.2～0.3mm。在国外，不同的国家对混凝土构筑物的裂缝宽度有不同的规定，如 1970 年欧洲混凝土专业委员会的规范收集各个国家的标准设计裂缝宽度规定如下：美国 AGI 规范规定裂缝宽度为 0.108mm；法国规范规定裂缝宽度为 0.27mm；加拿大规范规定裂缝宽度为 0.064mm；波兰规范规定裂缝宽度为 0.182mm。我国现行《混凝土结构设计规范》限制裂缝宽度主要是考虑过宽的裂缝会引起混凝土中钢筋的锈蚀，降低结构的耐久性；过宽的裂缝还会损坏结构的外观，引起使用者的不安。目前越来越多的研究者认同：即使表面裂缝宽度达到 0.4mm，也不会存在钢筋锈蚀问题。表 2-1 是我国及欧美地区对最大裂缝宽度限值的比较[8-12]。

表 2-1　国内外裂缝宽度限制值一览表

地区	裂缝宽度限值
中国	处于正常条件下的构件裂缝宽度为 0.3mm
	处于正常条件下的屋（托）架、重级工作制吊车梁，以及允许出现裂缝的一般预应力构件裂缝宽度为 0.2mm
欧洲混凝土委员会和国际预应力协会（CEB-HP）	轻度暴露条件（居住及办公建筑内部）裂缝宽度为 0.4mm
	中度暴露条件（室内高湿，正常室外，一般土中）裂缝宽度为 0.2mm
	严重暴露条件（处于侵蚀介质中）裂缝宽度为 0.1mm
美国混凝土学会 224 委员会	干燥环境下裂缝宽度为 0.4mm
	冻结环境下裂缝宽度为（加防冻剂）0.18mm
	潮湿空气、土壤中裂缝宽度为 0.3mm

2.3　本章小结

为了研究的方便，笔者在进行了大量的混凝土裂缝普查工作后，从不同角度对工程中常见的裂缝进行了分类划分，为下一步深入研究各种裂缝的开裂机理、影响因素和预防修补方法打下基础。另外，对混凝土裂缝的危害和裂缝宽度控制标准进行了分析研究。

参考文献

[1] 蔡正咏. 混凝土性能 [M]. 北京：中国建筑工业出版社，1979：64-87.

[2] 朱清江. 高强高性能混凝土研制及应用 [M]. 北京：中国建材工业出版社，1999.

[3] 吴中伟，廉慧珍. 高性能混凝土 [M]. 北京：中国铁道出版社，1999.

[4] 富文权，韩素芳. 混凝土工程裂缝分析与控制 [M]. 北京：中国铁道出版社，2003.

［5］黄政宇. 土木工程材料［M］. 北京：高等教育出版社，2002.

［6］朱伯芳. 大体积混凝土温度应力与温度控制［M］. 北京：中国电力出版社，1999：298-305.

［7］韩素芳，耿维恕. 钢筋混凝土结构裂缝控制指南［M］. 北京：化学工业出版社，2004.

［8］结构物裂缝问题学术会议论文选集（第一册）［M］. 北京：中国建筑工业出版社，1965.

［9］Control of Cracking in Concrete Structures［S］. ACI224R-80.

［10］Royw. Carlson，et al. Causes and control of cracking in unreinforced mass concrete［C］. ACI. J.，1979，（7）.

［11］R. W. Cannon. Controlling cracks in power plant structures［C］. Con. Int.，1985，（5）.

［12］日本混凝土工程协会. 混凝土裂缝调查及修补规程［S］. 牛清山，译. 刘春圃，校. 冶金建筑研究总院，1981.

3 混凝土在不同因素影响下开裂机理分析

致使混凝土出现裂缝的因素很多，有材料自身的因素，也有外部环境作用的因素，有荷载作用方面的因素，也有非荷载作用方面的因素。裂缝产生的机理实际上非常复杂，为了研究方便，在这里把各种致使混凝土开裂的因素分离出来逐一进行研究，但是，混凝土裂缝往往并不是纯粹由单一因素所造成的，而是各种内外因素综合交织在一起，相互影响、相互制约、相互渗透共同发挥作用所产生的结果。

3.1　混凝土收缩变形引起的裂缝

混凝土收缩裂缝是因为混凝土体积收缩变形受到周围边界条件的约束限制不能自由伸缩而产生的。设有一根杆长为 l 的混凝土杆件，因温降或气干而缩短，若杆件的两端不受约束可以自由缩短（Δl），杆身就不会出现裂缝。若杆件的两端受到约束（如被固定），不能缩短，这就相当于在构件的两端施加拉力 N 而强行将杆件拉伸出 Δl，从而在杆件内产生拉应变（$\varepsilon_t = \Delta l / l$）和拉应力（$\sigma_t = E_t \varepsilon_t$），若拉应力达到或超过混凝土的抗拉强度（$\sigma_t > f'_t$），杆件就要开裂。可见，混凝土收缩变形大小、抗拉强度高低及混凝土所受到的变形约束程度是制约混凝土裂缝发生和发展的主要因素。

3.1.1　混凝土的干燥收缩变形

混凝土处于干燥环境中时，水分会由内向外挥发，从而引起体积收缩，称为干燥收缩，简称干缩。混凝土发生干缩的原因是毛细孔水蒸发后产生的收缩和凝胶体吸附水蒸发引起的凝胶体紧缩。当混凝土在水中硬化时，体积不变，甚至会发生轻微膨胀；混凝土的干缩变形在吸水后可以部分恢复。混凝土的这种吸水膨胀称为混凝土的湿胀。这是由于凝胶体吸水使胶体粒子吸附水膜增厚，粒子间的距离增大所致[1-4]。

混凝土的干缩湿胀特性如图 3-1 所示。混凝土在发生干缩后，即使长期浸入水中，湿胀值也远比干缩值小，干缩变形不能得到完全恢复，总会有残余变形保留下来。通常，残余收缩为收缩量的 30%～60%。混凝土的干燥收缩是水泥石中的毛细孔和凝胶孔失水收缩所致，混凝土的干缩与水泥品种、水灰比、骨料的用量和弹性模量及养护环境条件有关。通常情况下，采用矿渣水泥的收缩比普通水泥大；水灰比大的混凝土，收缩量较大；水泥用量少、骨料用量多的混凝土，收缩量较小；骨料的弹性模量越高，混凝土的收缩越小；水中或潮湿养护可大大减少混凝土的收缩，蒸汽养护可进一步减少收缩，压蒸养护混凝土的收缩更小。

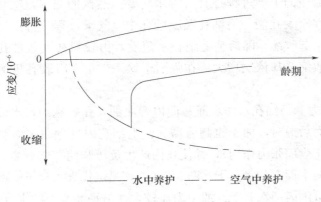

图 3-1　混凝土的干湿变形

　　混凝土的干缩应变在（200～1000）×10^{-6} 范围内。水分的蒸发是造成混凝土发生干缩的重要原因，蒸发干燥过程是由表及里的，因而湿度和干缩变形都是不均匀的。混凝土内部湿度和温度变化都服从扩散方程，但蒸发干燥过程进行得很缓慢，比降温冷却过程大约慢 1000 倍。例如，对于大体积混凝土，干缩传播深度达到 6cm 时，需要一个月，同样时间，温度传播深度可达 70m。所以大体积混凝土内部可不考虑干缩的影响。因为干缩一般只发生在表层很浅的地方，显然干缩对于混凝土薄壁结构如板、墙等构件影响程度相对较大，而对于大体积混凝土影响较小，但是大体积混凝土并不能因此可以忽视它的干缩问题。混凝土的干缩机理比较复杂。最主要的原因是混凝土内部孔隙水蒸发变化时引起的毛细管引力。水泥水化生成大量硅酸钙胶体，硅酸钙胶体具有大量微细孔隙，在干燥条件下，胶体中自由水逐渐蒸发产生毛细管引力，胶体孔隙受到压缩。胶体的体积随着水分的蒸发减少而不断收缩，从而引起混凝土体积收缩。胶体的数量及其特性随着水泥的水化成分、细度、水灰比、龄期而不同。一般来说，单位用水量和水泥用量比较多的混凝土胶体数量多，因而混凝土的干缩变形也比较大。

　　在一般条件下，混凝土的极限收缩应变为（50～90）×10^{-5}。收缩受到约束时，会引起混凝土开裂，在设计和施工时应予以注意。在实际结构中，混凝土的收缩是逐渐发展的，受内部水分蒸发和扩散的控制，截面较大、表面积较小的结构，收缩延续的时间较长。因此，在一般工程设计中，混凝土的线收缩应变通常取为（15～20）×10^{-5}，即每米收缩 0.15～0.2mm。

　　混凝土干燥收缩主要起因于水泥石的脱水收缩；砂石不仅多不收缩，而且还可抑制水泥石收缩从而减小混凝土收缩。所以，凡是能影响水泥石脱水收缩和能影响骨料约束效应的种种因素，就也都会影响混凝土的干缩变形。水泥石气干收缩在内部主要受制于其中的细孔含量和孔径分布，而细孔含量和孔径分布又受制于加水量（水灰比）和水化度（水化材料）；在外部主要受制于环境湿度。而混凝土工程的气干收缩则除受制于混凝土含水量、水灰比、水化度、环境湿度以及骨料的特征与含量等外，还要受到工程结构的裸露程度（形状尺寸）所影响。

（1）水泥石的干缩机制

水泥石或混凝土的干燥过程是其所含水转变为蒸汽的蒸发（气化）过程。水泥石内的可蒸发水存在于大孔洞、毛细孔及凝胶孔中。气干过程，首先是大孔洞里的水蒸发，但这不至于引起收缩；随后是毛细孔水蒸发，由较粗孔到较细孔再到更细孔，脱水量依次减少而收缩量却依次增大；在强烈干燥条件下，凝胶孔里的吸附水也能解吸蒸发并引起收缩。

① 毛细管张力。毛细孔水的水面是向内弯曲的，孔径越细，水面曲率越大；在毛细孔水蒸发、曲面后退时，曲率也随着增大。毛细孔内的弯曲水面对其下边的水可产生牵引效应（由于表面张力作用），并使孔内产生负压和使孔壁靠紧，从而引起水泥石的收缩。处在弯曲水面上的水分子［图3-2（b），黑点代表水分子］所受到的内部水分子（图中阴影线范围内的水分子）的引力比较大（与平面水上的水分子相比较），所以不容易蒸发。就是说，弯曲水面上的湿空气饱和蒸气压要比平面水上的为低，所以必须在比平面水更低的蒸气压下，这才能引起曲面水的蒸发。毛细孔径越细小，可引起蒸发的实际蒸气压（或湿空气的相对湿度）越低[5-10]。有一份对应毛细孔半径与曲面水蒸发的相对温度资料如下：

毛细孔半径（μm）：　　　　　　　　1　　　0.1　　　0.01　　　0.001

可引起曲面水蒸发的相对湿度（%）：　99.9　99.0　　89.9　　　34.8

这表明，较粗毛细孔里的水先蒸发，失水量多，但因水面曲率较小，牵拉效应较小，水泥石收缩量也较小；而后依次是较细、更细孔里的水蒸发，失水量依次减小，水面曲率依次增大，牵引效应和收缩量也依次增大。

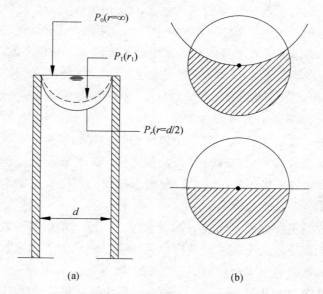

图 3-2　毛细管液面曲率与液面上蒸气压的关系及其对蒸发的影响

②表面张力。在干燥进一步加剧之后，水泥凝胶孔（15～30Å）里的吸附水也能解吸蒸发并引起收缩。有的解释为物体颗粒的表面分子因表面张力作用可具有一定的内

向压缩力，对于如水泥凝胶这样的微小粒子（$15\sim30\text{Å}$ 或 $15\times10^{-3}\,\mu m$）来说，此压应力可达到 250N/mm^2 数量级，足以将胶粒体积压小；但在凝胶吸附水后，水分子的外向引力又可以抵消此压缩力，使胶粒体积复原。也就是说，凝胶在脱水干燥时，体积将要缩小；而在吸水润湿时，体积又要增大；这种现象也只能发生于环境湿度较低的情况（RH 低于 40%）。

③层间水。当将水泥凝胶描绘成为由 $2\sim4$ 个分子层构成的卷曲片状结构物时，其存在于各片层之间的层间水，在强烈干燥时也可脱出，导致胶粒的片层靠紧并引起收缩；反过来，在吸水润湿时则胶粒膨胀；这种效应也只能在相当干燥的情况下（RH 低于 35%）发生。

（2）混凝土材料与配比

可影响混凝土干缩的重要因素是含水量（水灰比）和骨料，水泥、含砂率、坍落度等也可直接或间接地产生相应影响。

① 含水量（水灰比）。含水量（W）、水灰比（W/C）既然对水泥石的毛细孔量和孔径分布有重要影响，所以对混凝土干缩也有重要影响。混凝土的拌合水量受制于混凝土的坍落度、含砂率、温度以及骨料的颗粒级配、清洁程度、石子粒径等项，这些因素也都影响混凝土的干缩变形。结合具体工程条件，在确保混凝土浇筑均匀、振捣密实的前提下，采用较少的拌合水量、较小的水灰比、较好的骨料级配以及较小的坍落度、较低的拌合温度等，这些都有助于降低混凝土的干缩性。

② 骨料。粗细骨料占混凝土体积很大一部分，本身虽多不缩，但却可抑制水泥石收缩，从而可减少混凝土的干缩（ε_s），有一个经验式 $\varepsilon_s\approx\varepsilon_{s0}(1-V_a)^2$（$\varepsilon_{s0}$ 是水泥石的干缩；V_a 是骨料容积，%）。在 RH 为 50% 环境时，水泥石干缩应变仅为 $(1500\sim6000)\times10^{-6}$，而混凝土的干缩应变仅为 $(400\sim800)\times10^{-6}$。增大骨料粒径尺寸，不仅影响拌合水量（从而影响收缩），在抑制水泥石收缩上也更为有效。

粗骨料的岩石种类和骨料品质（吸水率、比重）也对混凝土的干缩性产生影响；低吸水率（低孔隙率、高比重）粗骨料混凝土的弹性模量比较高，而干缩性比较低。通常认为石英岩、石灰岩、花岗岩等骨料属低收缩性的，而砂岩、黏板岩、玄武岩等骨料属高收缩性的；但有些岩石（如花岗岩、石灰岩、白云岩等）的可压缩性变化较大，混凝土的干缩性也随着变化较大。骨料的清洁程度（洗与不洗）能影响混凝土的拌合水量，也能影响混凝土的干缩性，可影响到 20%。对于骨料问题也需予以重视，必要时通过试验研究选定。

③ 水泥及外加剂。水泥品质影响水泥凝胶的组分、结构和数量，所以也影响水泥石毛细孔、凝胶孔的形状、尺寸和数量，进而影响到混凝土的干缩性。美国有人[7] 曾就不同工厂的 182 种 I 型水泥（普通波特兰水泥）进行 6 个月的干缩应变测试，得到的结果为 $(1500\sim6000)\times10^{-6}$，平均为 3000×10^{-6}，表明虽然都是符合标准的 I 型水泥，但其干缩性的差异却很大。水泥石干缩性可随下列因素而降低：

a. 较低的 C_3A/SO_3 比；

b. 较低的 Na_2O 和 K_2O 含量；

c. 较高的 C_4AF 含量。

水泥混合材或混凝土外加剂能否对混凝土干缩性产生影响或其程度如何，随其品种、特性、用量等而有不同；有的可能无任何影响，有的可能影响较大（表3-1）。关于水泥及混合材、外加剂对混凝土干缩性的影响问题，宜通过试验查明；而减水剂、引气剂能改善混凝土和易性，提高浇筑成形质量，这是个有利因素。

（3）混凝土结构与施工

混凝土结构的裸露程度或形状尺寸对混凝土干缩有重要影响，因为混凝土内部水分是从裸露表面蒸发散失，所以混凝土体积（V）越大而裸露表面面积（S）越小，即体表比（V/S）越大时，混凝土干缩越小。混凝土浇筑的均匀性、密实性可影响混凝土内水的转移、扩散，混凝土保湿养护程度可影响水泥水化程度并影响混凝土内的细孔数量和孔径分布，所以这些因素也可影响混凝土的干缩性。

（4）环境气象条件

混凝土在潮湿养护期的内部孔隙湿度可保持 100%，仅在结束湿养并裸露于大气中后才开始从表面蒸发脱水并引发干缩。显然，大气湿度是制约混凝土干缩的重要因素，而温度高低、风力强弱等也影响混凝土干缩。反映环境湿度（H，%）对混凝土极限干缩率（$\varepsilon_{s,\infty}$）影响的经验式：

$$\varepsilon_{s,\infty} = \beta p \sqrt{\frac{100-H}{100}}$$

式中：p——依从于水灰比和混凝土材龄而定的总孔隙率；

　　　β——比例系数。

表 3-1　混凝土干缩应变（$\times 10^{-6}$）受外加剂的影响示例

混凝土坍落度/cm	外加剂	混凝土水灰比		
		0.45	0.55	0.65
10 以下	—	540	560	540
	引气剂	470	500	440
	引气减水剂	390	370	350
15 以下	—	640	620	590
	引气剂	540	550	490
	引气减水剂	560	490	400

（5）混凝土干缩应变估算

国内外各种技术标准或技术文件[20]基于不同的试验研究和经验，对混凝土干缩应变有不同的估算方法，今后也还会有发展变化。

① MC-90 法。CEB-FIP 在 1990 年提出的干缩应变估算方法。该方法对混凝土在材龄为 t 天的气干收缩应变（$\varepsilon_{s,t}$）估计算式为：

$$\varepsilon_{s,t} = \varepsilon_{s0}\beta_s\ (t-t'), \quad \beta_s\ (t-t') = \left[\frac{t-t'}{350\ (h_0/100)^2 + t-t'}\right]^{0.5}$$

$$\varepsilon_{s0} = \varepsilon_s\ (f_{cm})\ \beta_{RH}, \quad \varepsilon_s\ (f_{cm}) = 10^{-6}\ [160 + 10\beta_{sc}\ (9 - f_{cm}/10)]$$

$$\beta_{RH}=1.55\left[1-\left(\frac{RH}{100}\right)^3\right] \tag{3-1}$$

式中：$\beta_s(t-t')$——混凝土的干缩发展系数；

　　　　t'——混凝土保湿养护结束时的材龄（d）；

　　　　h_0——构件的"名义尺寸"（mm）；

　　　　ε_{s0}——混凝土的"名义收缩"；

　$\varepsilon_s(f_{cm})$——混凝土强度（组分）对干缩的影响系数；

　　　f_{cm}——混凝土圆柱体（$\phi15cm\times30cm$）抗压强度的平均值（MPa）；

　　　β_{sc}——考虑水泥品种的系数，缓硬水泥取 4，普通或快硬水泥取 5，快硬高强水泥取 8；

　　β_{RH}——考虑环境相对湿度（RH,%）对干缩影响的系数，当环境相对湿度满足 $40\%\leqslant RH<99\%$ 时，β_{RH} 按式（3-1）计算，而当 $RH\geqslant$ 99% 时，取 $\beta_{RH}=0.25$。

② EC2-91 法。该方法对混凝土干缩应变的估算与 MC-90 法基本相同，EC2-91 法给出具体 $\varepsilon_{s,\infty}$（混凝土的最终干缩应变）值如表 3-2 所示。

表 3-2　普通混凝土的最终干缩应变（$\varepsilon_{s,\infty}$）

构件位置	相对湿度/%	名义尺寸，h_0/mm	
		$\leqslant150$	600
室内	50	600×10^{-6}	500×10^{-6}
室外	80	330×10^{-6}	280×10^{-6}

③ ACI 209 法。这是基于 Branson 的试验研究按两种初养方式估算：

$$\varepsilon_{s,t}=\frac{t}{35+t}\varepsilon_{s,u}\quad（混凝土湿养 7d）$$

$$\varepsilon_{s,t}=\frac{t}{55+t}\varepsilon_{s,u}\quad（混凝土蒸养 1\sim3d） \tag{3-2}$$

$$\varepsilon_{s,u}=780\times10^{-6}K_s$$

式中：$\varepsilon_{s,t}$——混凝土经气干持续 t（d）的收缩应变；

　　　$\varepsilon_{s,u}$——混凝土经气干持续 ∞（d）的极限收缩应变；

　　　　t——混凝土经湿养或蒸养之后的气干持续时间（d）；

　　　K_s——影响混凝土极限干缩值的综合系数，主要由七项因素综合决定，这七项因素及其相应的调整系数（β）详述如下。

a. β_M 由湿养时间 M（d）决定，其对应关系如下：

M（d）：	1	3	7	14	28	90
β_M：	1.2	1.1	1.0	0.93	0.86	0.75

b. β_H 由环境相对湿度 H（%）决定，其函数关系如下：

$$\beta_H=1.40-0.010H\quad（40\leqslant H\leqslant80）$$

$$\beta_H=3.00-0.030H\quad（80\%\leqslant H\leqslant100） \tag{3-3}$$

$$\beta_H = 1 \quad (H \leqslant 40)$$

c. β_d 由构件尺寸决定，可按平均厚度或体表比考虑。

当按构件平均厚度为 d（mm）考虑时，β_d 可按如下对应关系取值：

$$d \text{（mm）: } 51 \quad 76 \quad 104 \quad 127 \quad 152 \quad 203 \quad 254 \quad 305 \quad 381$$

$$\beta_d \begin{cases} 1 & : 1.35 \quad 1.25 \quad 1.17 \quad 1.08 \quad 1.00 \quad 0.93 \quad 0.85 \quad 0.77 \quad 0.66 \\ 极限 & : 1.35 \quad 1.25 \quad 1.17 \quad 1.08 \quad 1.00 \quad 0.94 \quad 0.88 \quad 0.82 \quad 0.74 \end{cases}$$

当 $150 < d < 380$ 时，β_d 也可按下式计算：

$$\beta_d = \begin{cases} 1.23 - 0.0015d & \text{（气干时间小于等于 1 年）} \\ 1.17 - 0.00114d & \text{（气干时间大于 1 年）} \end{cases} \tag{3-4}$$

当按体表比 V/S（mm）考虑时：

$$\beta_d = 1.2 e^{-0.00472 V/S} \tag{3-5}$$

d. β_S 由混凝土坍落度 S（mm）决定，具体可按下式计算：

$$\beta_S = 0.89 + 0.00161S \tag{3-6}$$

e. β_F 由砂率 F（%）决定，具体可按下式计算确定：

$$\beta_F = \begin{cases} 0.30 + 0.014F & (F \leqslant 50) \\ 0.90 + 0.002F & (F > 50) \end{cases} \tag{3-7}$$

f. β_C 由水泥用量 C（kg/m^3）决定，具体可按下式计算：

$$\beta_C = 0.75 + 0.00061C \tag{3-8}$$

g. β_A 由新拌混凝土含气率 A（%）决定，具体可按下式计算：

$$\beta_A = 0.95 + 0.008A \quad (\beta_A \geqslant 1) \tag{3-9}$$

④ 工程实例。混凝土浇筑后水湿养护（M）7d，构件环境相对湿度（H）为 70%，构件平均厚度（d）为 200mm，新拌混凝土坍落度（S）为 63mm，混凝土含砂率（F）为 60%，混凝土含水泥量（C）为 446kg/m³，新拌混凝土含气率（A）为 7%。试按 ACI209 法估算混凝土经气干（t）为 14、28、60、90、180、360（d）时的收缩应变（$\varepsilon_{s,t}$）。

分析：经计算或查得的各项影响系数值（β）及其乘积（K_s）如表 3-3 所示。根据表中数据可计算 $\varepsilon_{s,u} = 780 \times 10^{-6} \times 0.68 = 530 \times 10^{-6}$，并可计算各个气干材龄（$t$, d）的干缩应变值 $\varepsilon_{s,t}$（表 3-4）。混凝土经浇筑后的实际年龄是（$M+t$）d。

表 3-3　各项调整系数

项目	系数
湿养 $M=7d$	$\beta_M = 1.00$
湿度 $H=70\%$	$\beta_H = 0.70$
厚度 $d=200mm$	$\beta_d = 0.93$
坍落度 $S=63mm$	$\beta_S = 0.99$
砂率 $F=60\%$	$\beta_F = 1.02$
水泥 $C=446kg/mm^3$	$\beta_C = 1.02$
含气率 $A=7\%$	$\beta_A = 1.01$
系数积	$K_s = 0.68$

表 3-4 混凝土干缩应变

气干时间 t/d	混凝土干缩应变 $\varepsilon_{s,t}/\times10^{-6}$	气干时间 t/d	混凝土干缩应变 $\varepsilon_{s,t}/\times10^{-6}$
14	151	90	382
28	236	180	444
60	335	360	483

3.1.2 混凝土温度升降变形

随着温度的变化，混凝土不可避免地要发生体积胀缩变形，这种由温度变化引起的胀缩应变（ε_t）取决于温度变化量（ΔT）和混凝土的温度线膨胀系数（α_t），它们之间满足这样的关系，$\varepsilon_t = \alpha_t \cdot \Delta T$。

（1）混凝土的温度线膨胀系数

混凝土的温度线膨胀系数（α_t）一般为 $10\times10^{-6}/℃$，实际上它的变化范围是很大的。水泥石的线膨胀系数（$10\times10^{-6}\sim20\times10^{-6}/℃$）比骨料的线膨胀系数（$5\times10^{-6}\sim20\times10^{-6}/℃$）大，这说明水泥骨料比会影响到混凝土线膨胀系数值的大小，据有关资料显示，它们的对应关系如下：

水泥骨料比 　　　　　　 1:0（水泥石）　　 1:1　　 1:3　　 1:6

混凝土 α_t 值（$\times10^{-6}/℃$） 18.5 　　　　　　 13.5 　 11.2 　 10.1

随着岩石种类的不同，骨料线膨胀系数也会发生相应的变化。一些调查研究资料显示，石英岩或硅质岩线膨胀系数偏高，其值为 $11.0\times10^{-6}\sim12.5\times10^{-6}/℃$，石灰岩偏低（$3.5\times10^{-6}\sim6.0\times10^{-6}/℃$），火山岩居中（$5.5\times10^{-6}\sim8.0\times10^{-6}/℃$）。ACI207.2R 曾提出：当缺乏具体试验资料时，对于石灰岩粗骨料混凝土的 α_t 可取值为 $9\times10^{-6}/℃$，硅质岩粗骨料混凝土的 α_t 取值为 $10.8\times10^{-6}/℃$，石英岩粗骨料混凝土的 α_t 取值为 $12.6\times10^{-6}/℃$。混凝土线膨胀系数还受含湿量的影响，一般气干状态下的线膨胀系数值明显高于烘干状态或饱水状态下的值[1]。

ACI209R 也曾建议当没有具体试验资料时，可由混凝土饱水度、水泥石和骨料这 3 个部分来合成 α_t（$\times10^{-6}/℃$）值：

$$\alpha_t = e_{mc} + 3.1 + 0.72e_a \tag{3-10}$$

式中：e_{mc}——混凝土饱水度分担部分（表 3-5）；

　　　3.1——水泥石分担部分；

　　　e_a——骨料总体（砂石）的平均线膨胀系数（表 3-6）。

经这样合成的 α_t 值适用于 $0\sim60℃$ 的环境。

由此可知，混凝土线膨胀系数 α_t 的值变化很大，这将影响到混凝土的温度应变（$\varepsilon_t = \alpha_t \cdot \Delta T$）以及混凝土约束拉应力（$\sigma_t = \varepsilon_t E_t$）的计算，所以，必要时应通过试验研究来确定混凝土的线膨胀系数值。

（2）混凝土的绝热温升

混凝土温度升高主要是由水泥水化放热引起的。水泥的化学成分和组成、混合材的类型和颗粒粗细程度是影响和制约水泥水化热量的主要因素。混凝土的温升速率、幅度主要取决于水泥的品种、掺量，一般可采用下面的经验公式来估算混凝土的绝热温升：

$$T_a(t) = \frac{CQ_\infty}{C_{比} \rho}(1 - e^{-at}) \tag{3-11}$$

式中：$T_a(t)$——混凝土在材龄 t（d）时的绝热温升幅度（℃）；

　　　　C——混凝土的水泥用量（kg/m³）；

　　　　Q_∞——水泥的极限发热量（kJ/kg）；

　　　　$C_{比热}$——混凝土的比热［kJ/（kg·℃）］；

　　　　ρ——混凝土的密度（kg/m³）；

　　　　α——考虑水泥品种和温升速度的系数（1/d）。

根据上述经验公式，日本在相应试验资料[24]的基础上建立了一个简化公式：

$$T_a(t) = K(1 - e^{-at}) \tag{3-12}$$

式中：K、a——试验常数，主要取决于水泥的品种、用量和浇筑温度。

表 3-5　混凝土饱水度部分的 e_{mc} 值

混凝土构件环境条件	饱水度	e_{mc}/（×10⁻⁶/℃）
水中结构，高湿度条件	水饱和态	0
大体积的混凝土块体、厚墙、梁、柱、板，特别是经镶（贴）面的	在水饱和与部分含水之间	1.3
室外的可干燥的板、墙、梁、柱、屋面或无镶（贴）面的和有加热设施的室内的墙、柱、板	从部分含水渐渐降为干燥状态	1.5～2.0

表 3-6　各种岩石骨料的平均线膨胀系数

岩种	e_a/（×10⁻⁶/℃）	岩种	e_a/（×10⁻⁶/℃）
燧石	11.8	硅质石灰岩	8.3
石英岩	10.3	花岗岩	6.8
石英	11.1	辉绿岩	6.8
砂岩	9.3	玄武岩	6.4
大理岩	8.3	石灰岩	5.5

（3）混凝土的散热降温

混凝土在内温升高的同时会向外散热降温，因此混凝土的实际温升幅度（T_r）一般要比其绝热温升（T_a）小。混凝土温度一旦升高到峰值（T_{max}）就开始逐渐下降。混凝土散热过程要受到很多因素的影响，如混凝土体表比 V/S、混凝土浇筑时的温度 T_P、周围环境温度以及混凝土的导温系数、表面放热系数等热力学方面的性能指标等，难于对它进行精确估算[8-15]。

（4）混凝土的温降幅度与表里温差

当温度应变受到约束时，混凝土就会发生开裂，温度应变 ε_t 是由温差 ΔT 引起的，$\varepsilon_t = \alpha_t \Delta T$；可以把混凝土干缩应变 ε_{sh} 转换成当量温度（$T_{eq} = \varepsilon_{sh}/\alpha_t$）补加进这个温差之

中。通常可按两种情况来分析研究混凝土的温差和温度裂缝问题。

一种情况是混凝土构件从最高的截面平均温度 $T_{\max,m}$ 逐渐降至环境大气的平均温度 T_0，温差是指温降幅度，$\Delta T_m = T_{\max,m} - T_0$，如图 3-3 所示。这种起因与 ΔT_m 的温度应变（$\varepsilon_t = \alpha_t \Delta T_m$）受到外部约束时所引发的温度裂缝是贯通性的。最高的截面平均温度 $T_{\max,m}$ 较难测量取值，当混凝土截面较大时往往以截面中心的最高温度 $T_{\max}$ 代替，虽有些偏差，但偏于安全。环境温度 T_0 通常是指当时的平均气温，普通截面混凝土结构构件的水化热最高温度 $T_{\max}$ 大多在 7～20 d 之内就可降到常温（T_0），如图 3-3 中的 A 点所示，取 $\Delta T_m = T_{\max} - T_0$，温度裂缝通常在这段时间内出现。另外，像大坝之类的大体积混凝土工程也会在冬季长期最低气温中产生温度裂缝，这时的环境温度取值为最冷时 1 周期间的平均气温（$T_{\min}$），$\Delta T_{m,冬} = T_{\max} - T_{\min}$，如图 3-3 中的 B 点所示。当混凝土墙体背面或混凝土板块底面接触的岩（土）体具有和环境气温不同的温度时，这也可对混凝土的最低温度产生影响，ACI207.2R 对此给出如下的经验式[11]：

$$T'_{\min} = T_{\min} + \frac{2\ (T_s - T_{\min})}{3} \sqrt{\frac{V/S}{244}} \tag{3-13}$$

式中：$T'_{\min}$——混凝土降温受到岩土影响的最低温度（℃）；

$T_{\min}$——最低的裸露环境气温（1 周低气温的平均值）（℃）；

T_s——岩土体内的稳定温度（℃）；

V/S——混凝土的体表比（cm）。

另一种情况是混凝土的表里温差（ΔT_d），即混凝土截面中心最高温度 $T_{\max}$ 和其表面温度 T_0 之差，$\Delta T_d = T_{\max} - T_0$。这种表里温差会引起表层温度收缩应变 $\varepsilon_t = \alpha_t \Delta T_d$，当这种收缩应变受到内部的约束时，就会产生表面性的温度裂缝。

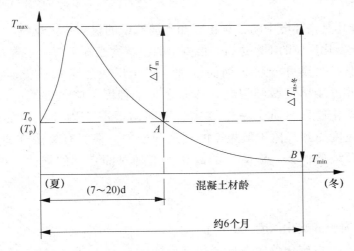

图 3-3 大体积混凝土的温度曲线与温降幅度示意

3.1.3 混凝土的自身体积收缩变形

混凝土的自身收缩变形是指在没有干燥和其他外界因素影响下，由于水泥水化而使混凝土在凝结硬化过程中产生的体积收缩；因为这种收缩是由水泥的水化反应引起的，所以又称为化学收缩。混凝土的这种自收缩与水灰比有关，水泥的水化反应需要充足的水分，这些水除用于水化反应外，还要填充混凝土内的各种微细孔隙（如凝胶孔、毛细孔等）。试验研究发现，当水灰比 $W/C>0.40$ 时，混凝土内有足够的水进行水化反应和填充孔隙，产生的自身收缩则很小，与混凝土的干燥收缩相比可以忽略；当水灰比 $W/C\leqslant0.40$ 时，由于水泥的水化反应和凝胶吸水，使混凝土内的孔隙失水干燥，从而使混凝土产生明显的自身收缩，严重时就会引起混凝土开裂。由此可见，对于水灰比较小的高强混凝土，应注意防止因自缩产生的开裂。混凝土的自身收缩随硬化龄期的延长而增加，大致与时间的对数成正比，一般在混凝土成型后 40 多天内增长较快，以后逐渐趋于稳定。混凝土的自身体积收缩变形是一种不可恢复的变形[27]。

3.1.4　混凝土的塑性收缩变形

塑性收缩是指混凝土在凝结之前，由于表面失水过快而引发的收缩。一般在干热或大风天气，混凝土比较容易产生塑性收缩裂缝，这种裂缝的外观特点是，中间宽两端细、长短不一、互不连贯。塑性裂缝产生的主要原因为：混凝土在终凝前几乎没有强度或强度很小，或者混凝土刚刚终凝而强度很小时，受高温或较大风力的影响，混凝土表面失水过快，致使毛细孔中产生较大的负压而使混凝土体积急剧收缩，而此时混凝土的强度很低，根本不能抵抗这种收缩变形，因此使混凝土表面产生龟裂。混凝土的凝结时间、水灰比、风速、环境温湿度等是影响混凝土塑性收缩变形的主要因素。

3.1.5　混凝土的碳化收缩变形

混凝土的碳化是指环境中的二氧化碳和水泥石中的氢氧化钙反应，生成碳酸钙和水。随着混凝土碳化反应的不断进行，混凝土的内碱度逐渐下降，混凝土对钢筋的保护能力随之减弱，结果可能引起钢筋锈蚀。碳化反应还会造成混凝土体积收缩，即碳化收缩，并可能诱发微细裂缝，从而在一定程度上降低混凝土的强度和耐久性。混凝土的碳化过程实质上是二氧化碳不断向混凝土内部扩散的过程。因此，混凝土的碳化速度受到气体扩散规律的制约和影响。根据有关研究和试验发现[4]，在正常的大气环境条件下，混凝土的碳化深度随时间变化的规律，可用幂函数方程表示：

$$D=\alpha \cdot \sqrt{t} \tag{3-14}$$

式中：D——混凝土的碳化深度（mm）；

　　　t——混凝土的碳化龄期（d）；

　　　α——碳化速度系数。

水泥的品种和用量、水灰比、养护方法和环境条件等是影响混凝土碳化速度的主要因素。其中，环境条件是相对比较重要的因素，通常认为碳化反应在相对湿度为 50%～75% 时发展最快。混凝土在水中或在相对湿度为 100% 条件下碳化反应会停止，这是因为混凝土孔隙中的水分能够阻止二氧化碳向混凝土内部扩散。另外，二氧化碳和氢氧化钙必须在有水的条件下才能发生化学反应，所以，如果环境条件过于干燥（相对湿度≤25％），混凝土的碳化反应也会因缺水而停止。

3.1.6 混凝土变形的约束开裂

混凝土收缩（干燥收缩和温降收缩等）变形可能受到的约束作用多种多样，通常大致可分为外部约束（来自外部约束体的约束）和内部约束（来自内部邻层混凝土的约束）两类。随着混凝土收缩变形和约束作用差异，各种情况下的开裂过程也很不相同，有的还颇为复杂[11-13]。

（1）混凝土变形的约束度

混凝土变形受到外部约束时的约束程度可用约束度（R）这个参数表达。如图 3-4 所示，①混凝土杆原长设为 l；②杆长收缩变形不受约束，自由缩短 Δl_f，自由收缩应变 $\varepsilon_f = \Delta l_f / l$；③杆长收缩受到某种程度约束，约束拉伸应变 $\varepsilon_t = \Delta l_t / l$，约束收缩应变（在有约束下的收缩应变）$\varepsilon_r = \varepsilon_f - \varepsilon_t = (\Delta l_f - \Delta l_t) / l$；④杆长收缩受到完全约束，完全约束下的伸长等同于自由缩短（同为 Δl_f），完全约束下的拉伸应变等同于自由收缩应变（同为 $\varepsilon_f = \Delta l_f / l$）。

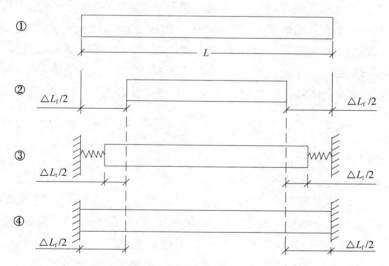

图 3-4 混凝土杆收缩变形受到的约束拉伸

混凝土变形约束度（R）是实际约束拉伸应变 ε_t 相对于完全约束拉伸应变 ε_f 的百分率，$R = (\varepsilon_t / \varepsilon_f) \times 100\%$。杆件在不受约束可以自由缩短的状态下，$\varepsilon_t = 0$，$R = 0$；杆件在两端被完全约束而不能缩短的状态下，$\varepsilon_t = \varepsilon_f$，$R = 100\%$ 或 $R = 1$；而在这中间（0~1）的某种程度约束之下，$\varepsilon_t = R \cdot \varepsilon_f$。将约束拉伸应变（$\varepsilon_t$）乘以混凝土在当时的或有效的弹性模量（$E_e$）即得混凝土的约束拉应力（$\sigma_t$）：

$$\sigma_t = \varepsilon_t E_e = R \cdot \varepsilon_f E_c / (1 + \varphi) \tag{3-15}$$

式中：　　E_c——混凝土的初始弹性模量；

$1/(1+\varphi)$——混凝土的应力松弛系数。

当约束拉应力（σ_t）达到或超过混凝土的抗拉强度（f_t）时，混凝土就要开裂。

混凝土变形在外部约束下的约束度（R）值的大小，主要取决于混凝土体（被约束体）与约束体在形状尺寸、强度、刚度上的相对关系，以及约束方式等因素，有的因素比较简明，有的因素颇为复杂。

（2）混凝土干缩变形的约束开裂

混凝土蒸发脱水开始于裸露表面，越是深入内部速度越要减慢。混凝土构件内的平均孔隙湿度从保湿养护刚结束时的100%降到环境大气湿度所需的时间，随截面厚度而发生变化，可达几年、几十年甚至更长时间[6]。如果混凝土构件内部不因脱水不同而在各层次间引起干缩差异，则截面尺寸较小构件近表层的脱水干缩就将起主导作用并导致整个构件出现较大干缩；而随着构件截面尺寸增大，内部少脱水、不脱水的区域随之增大，影响到整个构件就将是干缩减小，甚至不缩。混凝土的干缩裂缝划分为如下两种类型：一类是混凝土构件整体干缩在外部约束下引发的贯穿性的裂缝，主要发生在构件截面尺寸较小、表层脱水干缩起主导作用的情况；另一类是构件的表层干缩在内部约束下引发的表面性的裂缝，可发生于各种截面尺寸的构件中。

（3）混凝土温度变形的约束开裂

① 混凝土在外约束下的温度应力和温度裂缝。混凝土结构变形受到外部约束的情况主要有：混凝土块体、墙体受到连续性基础约束，混凝土构件两端受到端头约束，混凝土结构内部某些截面较薄（或配筋较少或刚度较小）部件受到其他截面较厚（或配筋较多或刚度较大）部件的约束等。另外，埋置于试件内部的钢筋和设置于试件外部的钢管也是从混凝土体外来约束试件变形的。混凝土在外约束下的温度应力（σ_t）可用下式表示：

$$\sigma_t = R \cdot \alpha_t \cdot \Delta T_m \cdot E_e \tag{3-16}$$

式中：R——约束度；

α_t——混凝土的温度线膨胀系数；

ΔT_m——温差，即混凝土从最高的截面平均温度 T_m 降至稳定温度（或环境平均气温）的温降幅度（图 3-3 中 A 点或 B 点），在大体积（大截面）混凝土中，T_m 可趋近于中心温度 T_{max}，所以也常取 $\Delta T_m = T_{max} - T_0$；

E_e——混凝土的有效弹性模量，$E_e = E_c/(1+\varphi)$，φ 是徐变系数，$1/(1+\varphi)$ 是应力松弛系数。

混凝土温度裂缝的产生条件是：$\sigma_t \geqslant f_t$（混凝土抗拉强度），所以也可以把 k_{cr}（$k_{cr} = f_t/\sigma_t$）定义为裂控指数。

② 混凝土在内约束下的温度应力和温度裂缝。对于内约束问题，可设想为在混凝土内 h 深处，有一个"约束面"约束着表层混凝土的收缩变形，如图 3-5（a）所示。"约束面"的约束度（R）为 1.0，l 很大，h 很小，l/h 比值很大，以至近表面层的 R 可趋近于 1.0。混凝土表面温度下降，"约束面"温度不变（仍为 T），于是产生表里温差（$\Delta T_d = T - T_0$）。

图 3-5（b）是普通混凝土块体的基底外约束情况示意图，供与内约束情况对比[31]。对于混凝土内约束温度应力（σ_t），大多数文献列出如下算式：

$$\sigma_t = K\Delta T_d \alpha_t E_e \qquad (3-17)$$

式中 K 为考虑截面内温度分布不匀并假设为抛物线形分布的系数，并常取 $K=2/3$（2/3 是抛物线下平均高度相对于顶点高度的比值），但也有人提出宜取 $K=3/8$（3/8 是抛物线下面积重心高度相对于顶点高度的比值）。在大多文献的内约束式中没有列出约束度（R）这一项，但变形不受约束就无从引发应力，推想大概是因考虑内约束度 R 趋近于 1，所以略去。对于混凝土板块、墙壁之类结构的应变、应力，大多是按平面二维问题考虑并引入泊松比（ν），给出的基本式（简易式）为：

$$\sigma_t = \frac{2}{3}\frac{\alpha_t E_e}{1-\nu}\Delta T_d \qquad (3-18)$$

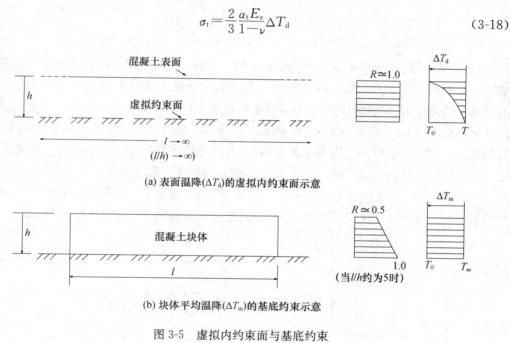

(a) 表面温降(ΔT_d)的虚拟内约束面示意

(b) 块体平均温降(ΔT_m)的基底约束示意

图 3-5 虚拟内约束面与基底约束

3.2 混凝土的钢筋锈胀裂缝

混凝土的化学反应裂缝是指由混凝土内部某种化学反应物的体积膨胀所引发的裂缝。在现实工程中，钢筋锈胀裂缝问题经常发生，教训沉重。在钢筋混凝土结构设计施工中，对裂缝宽度进行控制的目的是为了防止钢筋发生锈蚀。在混凝土的化学反应裂缝初期，有的裂缝和收缩变形裂缝相似，呈线状或网状，有的裂缝形式和荷载裂缝相似，也有的裂缝是表面层石子的鼓胀"爆裂"；钢筋的锈胀裂缝严重时可能导致混凝土保护层发生剥离、脱落[10-12]。

3.2.1 钢筋的锈蚀机制及其受制因素

（1）钢筋锈蚀机制

钢筋在混凝土中腐蚀是电化学（原电池）的反应过程。如图 3-6 所示，阳极铁离子化，Fe^{2+} 进入溶液中并放出电子（e）；在阴极，溶解氧吸收从阳极流来的电子生成 OH^-。OH^- 在阳极可与 Fe^{2+} 相结合生成 $Fe(OH)_2$ 并析出在钢筋表面，然后继续与 H_2O、O_2 结合生成 $Fe(OH)_3$：

$$Fe \longrightarrow Fe^{2+} + 2e^-$$
$$O_2 + 2H_2O + 4e^- \longrightarrow 4(OH)^-$$
$$Fe^{2+} + 2(OH)^- \longrightarrow Fe(OH)_2$$
$$4Fe(OH)_2 + 2H_2O + O_2 \longrightarrow 4Fe(OH)_3$$

$Fe(OH)_3$ 脱水后生成铁锈的主要成分是 Fe_2O_3。可以看出，决定钢筋腐蚀反应的基本因素是电位差、水和氧，缺一不可，实际腐蚀速度大多就是受制于氧的供应。钢筋表面上的钝化膜（很薄但黏结很牢的氧化物薄膜）可以"钝化"Fe 的这种反应，而水泥水化中析出的 OH^- [$Ca(OH)_2$]则能保护 $\gamma-Fe_2O_3$ 钝化膜并防止腐蚀发生。混凝土中钢筋之所以不会发生腐蚀是因为水泥石中由 OH^- 提供的高碱度（高 pH 值）来保证的。Cl^- 是钢筋腐蚀反应的最强烈的活化剂，它能破坏钢筋表面钝化膜从而引发腐蚀，也能增强溶液的导电性，增大电位差，加速腐蚀反应。所以当混凝土中掺有氯盐或掺入 Cl^- 时就很容易引发钢筋锈蚀，现实工程中的钢筋锈蚀病害大多是因为引入过多 Cl^- 的缘故。

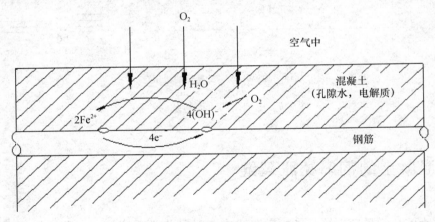

图 3-6　钢筋的腐蚀反应示意

当混凝土中钢筋的表层被腐蚀成铁锈时，其体积可增大几倍，从而对其外侧的混凝土产生明显挤压作用，结果就在混凝土内产生了一定的拉应力，这种拉应力的方向和径向胀压力的方向垂直，拉应力一旦达到混凝土的抗拉强度，就会在混凝土保护层上沿着钢筋的长度方向产生裂缝，如图 3-7 所示。裂缝出现以后，外面的水、气（氧）可沿裂缝进入并进一步加速腐蚀，这样发展下去，裂缝会不断增宽和延长，严重时会造成混凝土保护层大片破裂、剥落。有时，铁锈能扩散进入松弱混凝土的孔隙中，从而不至于引发胀压力或外观裂缝；锈汁也有可能渗出体外，在混凝土表面上生成锈斑污渍。钢筋截面也会因为锈蚀发展而不断减小，细径钢筋（丝）甚至可被锈断，从而对工程结构的安全性、耐久性造成恶劣影响。

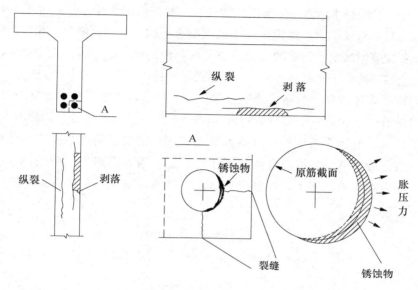

图 3-7　钢筋锈胀裂缝示意

（2）钢筋锈蚀受制因素

① 电位差。若一块金属上某两点的材质（成分）不同、温度湿度不同、表面液含盐浓度不同、溶解氧浓度不同、应力应变程度不同，这都可能在这两点之间产生电位差并组成"电池"。在一根钢筋的某两点之间，在两根相连接的钢筋之间，甚至在某两个区域之间，都有可能组成这种电池；电池两极距离可从 1～2cm 到 6～7m 或更远。当在混凝土内掺入 $CaCl_2$ 时，钢筋电位差明显增大；掺入 $CaCl_2$ 同时采用蒸汽养护时，电位差更大，锈蚀加重。不掺入 $CaCl_2$ 时，不管是否采用蒸气养护，电位差都很小（10～40mV），这不至于引发锈蚀。试件经干燥之后，电位差明显会降低（5～50mV），锈蚀终止。当钢筋混凝土结构靠近电气化铁路、阴极保护管道等直流电气设备时，或当有直流电流、杂散电流流过钢筋时，也会导致腐蚀反应发生。在对桥板混凝土进行盐液腐蚀的研究中，美国联邦公路局[30]曾利用铜-硫酸铜半电池对钢筋的电位差进行测试，其测试结果表明：当电位差大于 0.35V 时，钢筋发生腐蚀的概率很高；当电位差小于 0.20V 时，钢筋发生腐蚀的概率很低；当电位差在 0.20～0.35V 之间时，可能发生腐蚀，也可能不发生腐蚀，情况不确定。

② 水、氧、温度。水是钢筋发生腐蚀反应的必要条件，没有水也就没有电解液，也就无法组成电池，腐蚀反应当然不会发生。混凝土从水饱和状态逐渐干燥之后，其电阻率可从 $7 \times 10^3 \Omega \cdot cm$ 增大到约 $6000 \times 10^3 \Omega \cdot cm$，此时可不考虑钢筋腐蚀问题；另外有资料表明，当混凝土的电阻率达到（10～12）$\times 10^3 \Omega \cdot cm$ 以上时，即使有 Cl^-、O_2、H_2O 等离子、分子存在，钢筋也不容易发生锈蚀。也就是说，钢筋混凝土结构在

干燥环境中不会发生钢筋锈蚀，但是在潮湿环境或干湿交替环境中却易发生腐蚀反应。

氧也是腐蚀反应所必需的，现实工程中的钢筋腐蚀速度往往受制于氧的供应。氧在混凝土内的扩散和渗透受含水量所影响：在较干燥的混凝土中，氧容易扩散渗透；在饱水混凝土中，孔隙被水堵塞，氧难以扩散转移。氧必须溶解于水中后才能参与阴极反应，溶解度也是个重要因素。浸没于水中的混凝土不缺水，可是缺氧，相反，干燥条件下的混凝土不缺氧但缺水，钢筋的腐蚀反应在这两种情况下都不容易发生；而潮湿环境特别是干湿交替环境由于同时具备了水、氧这两项条件，所以腐蚀反应容易发生。

温度对钢的腐蚀进程也有重要影响，如图 3-8 所示，温度降低（20℃→10℃），腐蚀减弱；温度升高（20℃→40℃→60℃），腐蚀加剧。由图 3-9 可知，温度升高（14℃→25℃→35℃），Cl^- 在水泥石中的扩散系数增大，这种情况下的腐蚀反应也将加重。由此可见，北方干冷环境中的钢筋腐蚀问题相对较轻，南方潮热环境中的钢筋腐蚀问题相对较重，所以在参考利用不同国家（地区）的技术经验时，需要考虑到这个温度影响的问题。

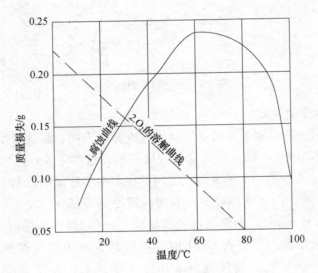

图 3-8　温度对钢的腐蚀的影响

③ pH 值。混凝土（水泥石）孔隙液中溶解的 $Ca(OH)_2$ 使混凝土具有高碱度（高 pH 值），从而保护钢筋免遭锈蚀，表 3-7 反映出 pH 值在防蚀上的重要意义。一般认为，在钢筋与混凝土的接触面处，pH 值一般不宜低于 12，最低为 11.5；硅酸盐水泥混凝土通常可以满足这个要求（孔隙水的 pH 值可为 12.5～13.5）。

当混凝土的表层发生中性化反应时，pH 值会随之降低；当水泥石完全中性化时，pH 值大约降至 8.3，从而失去对钢筋的保护作用。混凝土的中性化速度主要取决于混凝土的透气性，而透气性取决于水灰比、水泥用量、骨料粒径和颗粒级配、混凝土养护条件及混凝土含水量等。相对湿度为 50%～60% 时，中性化发展速度最快；湿度太低时会缺乏孔隙水（反应需要有水介入），湿度太高时会缺乏 CO_2（CO_2 在孔隙水中难于扩散），这都将使中性化反应速度减慢。密实混凝土的中性化深度多不超过几个毫米，不致引发问题。

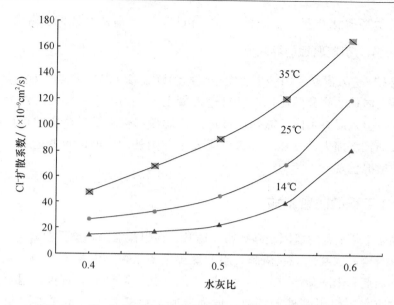

图 3-9 Cl⁻ 在水泥石中的扩散系数受水灰比及温度的影响

表 3-7 钢筋在 Ca（OH）₂ 溶液（有不同 pH 值）中的腐蚀

溶液的 pH 值	3 个月间的腐蚀量（占钢筋重的%）	
	隔绝空气	暴露空气中
10.0	0.74	2.46
10.5	0.81	2.20
11.0	0.30	2.20
11.5	0.10	1.80
12.0	0.02	0.02
12.65	0.02	0.01

3.2.2 氯盐的危害作用

氯离子是使钢筋发生电化学腐蚀反应最强烈的活化剂，在现实工程中经常出现的钢筋锈蚀裂缝问题大多起因于此。混凝土中氯盐的一部分可与水泥水化中的某些产物（C_3A）相化合，化合（结晶）氯不引发钢筋腐蚀；经化合之后所残余下来的游离态的 Cl^- 才可破坏钢筋保护膜，诱发钢筋锈蚀。混凝土中含有的氯盐越多，可残余下来的 Cl^- 就越多，锈蚀问题也就越严重；而微量、少量的氯盐不产生有害作用。水泥中 C_3A 含量越少（如抗硫酸盐水泥）或混合材（如矿渣）掺量越多，在掺用氯盐的情况下，就越容易引发钢筋锈蚀。美国联邦公路局（FHWA）在对波特兰水泥混凝土桥面板进行盐液（3%NaCl）腐蚀试验，得到的结论为：当存在充分的水、氧条件及其他必要因素时，可引起钢筋锈蚀的最低的含氯量（Cl^-/水泥）大约为 0.20%。另据美国有关现场调研资料可知，引发钢筋腐蚀的临界值是每立方米混凝土中含 0.60~0.95kgCl⁻。

还有资料显示将氯化物量、水溶液碱度（pH 值）与钢铁腐蚀的关系联系起来并以 $\dfrac{Cl^-}{OH^-} \geqslant 0.60$ 作为引起腐蚀的界限值。

氯盐或 Cl^- 进入混凝土内的主要途径有：①氯盐渗（混）进混凝土拌合物内；②盐液渗入混凝土内；③盐分随使用海砂带进混凝土内；④海水直接浸渗混凝土内；⑤盐分随海风吹拂引入混凝土内。氯盐通过这几条途径都曾引发过严重的钢筋腐蚀病害和造成过很大的经济损失，虽然有些事例是发生在国外的，但值得普遍引以为戒，尽可能避免类似情况重现。

3.2.3　RC 工程的防害措施

为了预防 RC 工程的氯因裂缝病害，通常是在阻截氯源和增强混凝土免疫力方面采取措施，有时也采取其他一些措施。阻截氯源主要是控制混凝土中的含氯量，如不再使用氯基外加剂和未除盐海砂，不使混凝土的含盐量高到有害程度；也可在混凝土外表面上铺设防水层以阻断外源性氯。增强混凝土免疫力主要是要求混凝土质量要高（抗渗性高）和有足够厚的保护层，借以阻滞 Cl^-、O_2、H_2O、CO_2 等的渗透、深入[30]。

3.3　混凝土的碱骨料反应裂缝

混凝土碱骨料反应裂缝主要是指水泥中的碱（Alkali）与骨料中的活性二氧化硅（Silica）发生化学反应即碱硅酸反应（Alkali-Silica Reaction，ASR），反应后生成物碱硅酸盐凝胶体积膨胀所引发的裂缝。混凝土 ASR 及由此引起的工程裂缝问题，近年来越来越受到关注[18-19]。

3.3.1　混凝土 ASR 机制及其受制因素

（1）ASR 机制

① 碱。混凝土中的碱主要来自水泥，水泥中的碱主要来自黏土原料。抗硫酸盐水泥由于配料时降低黏土含量（为了压低 C_3A 量），致使含碱量一般较低。水泥含碱量通常按 Na_2O 的当量计量（$Na_2O \cdot eq\% = Na_2O\% + 0.658K_2O\%$），尽管 Na_2O 的作用可能更大一些。"低碱水泥"通常限制含碱量不大于 0.6%。

掺用含碱金属（Na、K）的外加剂（NaCl、Na_2SO_4、$NaNO_2$ 等）时，也将增加混凝土含碱量。设所掺 NaCl 为水泥量的 2%，这相当于水泥含碱量增加 $2\% \times \dfrac{61.98（Na_2O 分子量）}{2 \times 58.44（NaCl 分子量）} = 1.06\%$。在使用海砂拌制混凝土时会引入 NaCl；沿海工程由于海水及湿空气浸渗混凝土，所积聚的 Na^+ 量还可能更高，甚至使用低碱水泥也无济于事而失去意义。冬季公路行车为融化冰雪而撒盐时，也为混凝土路面提供外援性碱。就是说，除水泥之外，某些其他因素也能导致相当高的含碱量，也存在着同样的问题，不容忽视。

② 骨料（砂子、石子）。岩石中可与碱起化学反应的矿物主要是蛋白石、火山玻璃体及一些特殊的石英。蛋白石是非晶质的 $SiO_2 \cdot nH_2O$（$n=5\sim30$），碱活性很强。火山玻璃是岩浆急冷形成，为隐晶质和非晶质结构，当为酸性（含 $SiO_2 65\%\sim75\%$）或中性（含 $SiO_2 52\%\sim65\%$）时具有碱活性。自然界中广泛存在的石英矿物（SiO_2），一般是结晶体，不具有化学活性。但某些特殊的石英，如隐晶质石英（$5\mu m$ 以下微粒集合体），玉髓（石英隐晶质亚种之一），以及晶格有变形、缺陷的石英等，具有碱活性；方石英和鳞石英也具有碱活性。各种活性矿物可存在于不同的岩石中，如火成岩中的流纹岩（酸性火山玻璃）、安山岩（中性火山玻璃）、玄武岩、黑曜岩等；沉积岩中的燧石岩（主要成分有玉髓、隐晶质石英及蛋白石）、砂岩、页岩、石灰岩等；以及变质岩中的千枚岩、硅岩、片麻岩等。各种矿物的活性程度不相同，各种岩石是否具有碱活性及活性程度如何，则随所含活性矿物的种类、数量及存在形态不同而有很大差异，仅从岩石（甚至矿物）名称上是较难判断的。

③ ASR。水泥加水拌合后，形成含碱盐溶解，溶液中的 OH^- 浓度增高；在水泥石细孔溶液中可长期保持有相当数量的 OH^-、K^+、Na^+ 等离子。这些离子扩散至骨料活性 SiO_2 处与之发生反应，生成碱硅酸盐凝胶：

$$SiO_2 + 2NaOH + nH_2O \longrightarrow Na_2SiO_3 \cdot nH_2O$$

但这个反应式并不固定，生成物也可用通式表示为 $R_2O \cdot mSiO_2 \cdot nH_2O$（式中 R 代表 Na 或 K）。

参与 ASR 的只有 SiO_2 是固体，所以凝胶体积要比 SiO_2 原占体积增大；凝胶进一步吸水后，体积更要膨胀增大并对周壁产生压力。凝胶吸水量多少，在含饱和水混凝土中受 OH^- 浓度影响，在不含饱和水混凝土中受环境空气湿度影响。凝胶膨胀率或膨胀压力取决于凝胶的黏稠性，即取决于 SiO_2、Na_2O、K_2O、H_2O（以至 CaO）等的对比关系，该比率随许多因素而变化。由图 3-10 可知，SiO_2/Na_2O 在 10 左右时砂浆的膨胀率最大。当 ASR 的某个反应成分耗尽，或当 OH^- 浓度降低到不足以对 SiO_2 发生作用时，或当凝胶含水量与环境湿度建立起物理平衡时，ASR 膨胀就将停止。从图 3-11 可知，②是水耗尽了，膨胀停止；④是活性 SiO_2 耗尽，膨胀停止；③是因为 Na^+、K^+ 或 OH^- 的浓度降到临界值以下，致使 ASR 膨胀停止。骨料颗粒较致密时，其 ASR 往往是从表层开始，逐渐深入内部。

混凝土内 ASR 凝胶的膨胀压力有可能导致石子颗粒及水泥石产生微裂缝，进一步导致整个混凝土结构产生膨胀变形和外观裂缝。ASR 凝胶（溶胶）也可扩散进水泥石中（可在石子颗粒外围形成反应环），或渗入混凝土气孔、裂缝中，还可能渗流出混凝土体以外。

（2）ASR 的受制因素

混凝土 ASR 能否发生、发展，能否引起膨胀裂缝或其程度如何，要受到很多因素的影响和制约。

① 水泥及混凝土的含碱量。ASR 只发生在碱（OH^-）浓度较高的孔隙液中，而碱

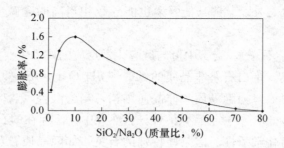

图 3-10　SiO_2/Na_2O 对砂浆膨胀率的影响

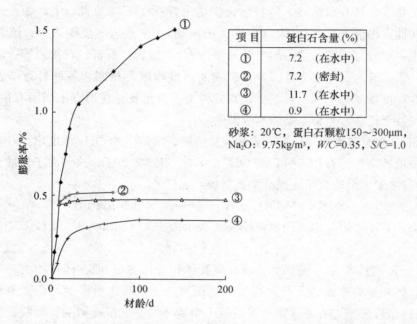

项 目	蛋白石含量 (%)
①	7.2 （在水中）
②	7.2 （密封）
③	11.7 （在水中）
④	0.9 （在水中）

砂浆：20℃，蛋白石颗粒150～300μm，
Na_2O：9.75kg/m³，W/C=0.35，S/C=1.0

图 3-11　砂浆的 ASR 平衡示例（或因反应已完成，或因建立了物理平衡）

浓度通常又依从于水泥的含碱量。低碱水泥混凝土孔隙液的 pH 值为 12.7～13.1，高碱水泥混凝土孔隙液的 pH 值可增至 13.5～13.9。很多资料表明水泥含碱量对 ASR 的影响非常重要。

　　② 活性骨料的岩石种类、混入率及颗粒尺寸。不同岩石骨料可表现出差别很大的 ASR 膨胀特性。同属安山岩碎石的三种活性骨料（化学分析判为有害），外观组织、颜色不同，也表现出很不同的 ASR 膨胀特性。不同活性骨料在不同混入率下可以表现出很不同的 ASR 膨胀特性，而在有些情况下还有个"最不利情况"。如蛋白石混入率为 5％时，ASR 膨胀率高得异常；而当蛋白石混入率为 20％～100％时，骨料却又几乎不胀。玉髓是另一种情况，混入率越高，膨胀量越大。燧石混入率的表现也很特殊，燧石含量自 20％增至 80％时，其膨胀率是逐渐降低的。骨料颗粒尺寸也能对 ASR 产生影响，如蛋白石颗粒为 0.15～0.3mm 时，膨胀率最大；而颗粒为 7～13mm 的时，骨料则几乎无任何膨胀。

　　③ 混合材料。高炉矿渣、粉煤灰和硅灰等混合材料适量掺入混凝土中，可降低

ASR 的膨胀量。矿渣或粉煤灰取代部分高碱水泥可起到"碱稀释剂"的作用，从而能够降低孔隙液中 OH⁻ 的浓度和 ASR 的膨胀程度；硅灰则因颗粒极细（$<0.1\mu m$）能促进 ASR 早期加速发展，但不至于对硬化后的混凝土产生影响。当混合材料的品种、质量、掺量等发生变化时，其对 ASR 的影响程度也会发生改变。掺引气剂所产生的大量气泡可容纳相应量的凝胶从而可相应减小混凝土的膨胀。

④ 环境气象条件（湿度、温度等）。在大体积混凝土中，有时只凭内部原有含水也能引起 ASR 膨胀，但引起 ASR 膨胀通常仍是需要从外部吸水的。当 RH 低于 85% 时，即使发生 ASR，也很少出现混凝土膨胀。国外已发现的混凝土工程 ASR "病害"，如水坝、桥梁、挡土墙、公路等易受水湿影响的土木工程居多，在房屋建筑特别是室内建筑中，则较少发生 ASR "病害"。环境温度对 ASR 膨胀也有很大影响，温度为 40℃ 时，砂浆膨胀量最大；20℃、60℃ 时，膨胀量次之。在砂浆及混凝土的 ASR 膨胀试验中，一般采用 40℃ 促进养护（美国原标准是 37.8℃）。

⑤ 混凝土工程质量。混凝土材料、配合比、浇筑和振捣作业，以及保湿、保温养护等，能对工程质量产生影响的因素，大多也能对 ASR 过程产生影响。

3.3.2 混凝土工程的 ASR 裂缝"病害"以及预防措施

在混凝土工程中，ASR 所可能引起的各种"病害"，表现在外观质量上主要为裂缝和变形；表现在内在质量上为出现内部微裂缝和混凝土密实性、力学性能受损及钢筋受拉变形等。ASR 的基本要素是碱、活性骨料和水，还有一个影响因素是混合材料。通常认为控制混凝土中含碱量不大于 $3kg/m^3$（$Na_2O \cdot eq$），即使骨料是潜活性的也不会引发 ASR。所以 ASR 的主要预防对策是：限制混凝土的含碱量而不考虑骨料的是否活性，或者使用非活性骨料而不考虑水泥含碱的高低。对于特别重要工程也可考虑双控：骨料要非活性，混凝土也要低碱。在实际工程中，可考虑采取下面几项措施来预防 ASR 病害的发生。

（1）限制含碱量

限制水泥含碱量（$Na_2O \cdot eq$）不大于 0.6% 这个指标，Stanton[19] 于 1940 年提出后一直沿用至今，大多数国家都把它看作是预防 ASR "病害"的有效措施，有的也称之为"低碱水泥"。但实际上对 ASR 起控制作用的是混凝土孔隙液的碱度，而这除水泥含碱量外，还要受到水泥用量、外加剂含碱量等因素的影响，所以更加严谨的办法是控制混凝土的总含碱量，日本、英国等国家控制混凝土含碱量（$Na_2O \cdot eq$）不大于 $3 kg/m^3$。

（2）采用非活性骨料

大多数骨料不具有碱活性，这需要通过试验判定，但问题比较复杂。日本在经历了一次"ASR 冲击"之后，在相关标准中把骨料划分为 A、B 两种：A 种是经碱活性试验"判为无害"的骨料；B 种是经碱活性试验"未判为无害"的或"未做碱活性试验"的骨料。A 种骨料可以正常使用；B 种骨料只能在采取某种措施之下使用（措施为下列三种之一：低碱型波特兰水泥；掺有矿渣或粉煤灰的混合水泥；限制混凝土中总含碱量不大于 3 kg/m³）。美国的骨料标准[18]（ASTM C33—99a）规定：当混凝土工程承受水湿作用或持久裸露于潮湿环境或接触于湿土时，其砂、石骨料是不得含有可与水泥中碱发生破坏性反应并使砂浆或混凝土出现过度膨胀的达致害量的活性物质的；除非是所用水泥含碱低于 0.6%（Na₂O·eq）或掺用经证明可预防 ASR 有害膨胀的混合材，才可以使用含活性物质的砂、石骨料。

（3）掺用混合材料

掺适量的矿渣、粉煤灰、硅灰等混合材料对预防有害的 ASR 是有效的。日本和英国的预防措施中就有掺用矿渣（掺量≥50%）或粉煤灰（掺量≥25%）或使用相应的混合水泥。掺用引气剂引入混凝土中大量的充分分散的微细气泡，可消纳 ASR 的相应凝胶量，起到缓解 ASR 的相应有利作用。

（4）避免水湿

在美国标准（ASTM C33）和英国有关资料中提到，对于受水湿影响的混凝土工程不允许使用碱活性骨料，或只许在采取相应措施下使用；也就是说，如果混凝土是比较干燥的或不处于潮湿环境中，可不必考虑有害 ASR 这个问题。除外部的水湿影响外，混凝土内部的含水问题也不容忽视；混凝土蒸发脱水过程是缓慢的，有些大体积混凝土工程其内部含水很难降至 75%～80% 这个可终止膨胀反应的低湿程度[31-34]。

3.4　外荷载作用引起的裂缝

混凝土结构物在各种静力荷载和动力荷载的作用下，当混凝土内部所受到的拉应力超过其抗拉强度时，结构物就会出现垂直于构件纵轴方向的裂缝；当构件所受到的最大剪应力超过其抗剪强度时，就会出现斜向裂缝。

（1）短期荷载作用下的变形

混凝土在短期单轴受压状态下的应力-应变关系可分为四个阶段，如图 3-12 所示。

第一阶段荷载小于"比例极限"（约为极限荷载的 30%）。混凝土因泌水、收缩产生的原生界面裂缝基本保持稳定，没有扩展趋势。因此，混凝土的应力-应变关系呈直线形式，是弹性变形阶段。

第二阶段荷载为极限荷载的 30%～50%。混凝土中界面过渡区内的微裂缝在长度、宽度和数量上均随荷载的提高而增加。应变的增大比应力的增长快，两者不再成直线关系。混凝土的应力-应变关系呈偏向应变轴的曲线形式，有明显的塑性变形产生，混凝土的变形进入弹塑性阶段。在这一阶段，过渡区内的微裂缝仍处于稳定状态，水泥石中的开裂可以忽略。

第三阶段荷载为极限荷载的 50%～75%。在此阶段，混凝土中界面过渡区内的裂缝变得不稳定，水泥石中也形成裂缝并逐渐增生，产生不稳定扩展。应力-应变曲线趋向水平。当荷载达到极限荷载的 75% 左右时，混凝土内的裂缝体系变得不稳定，界面裂缝与基体裂缝开始连通，此时的应力水平称为临界应力。

第四阶段荷载大于极限荷载的75%。在此阶段，随着荷载的增加，混凝土中界面裂缝与基体裂缝不稳定扩展，并迅速形成连续的裂缝体系，混凝土产生很大的应变。应力-应变曲线明显弯曲，更趋于水平，直到达到极限荷载[12-13]。

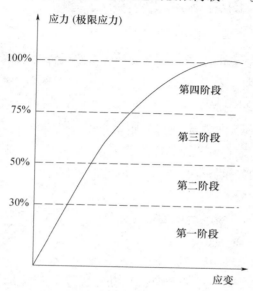

图 3-12　混凝土受压应力-应变关系

（2）徐变

混凝土在长期荷载作用下，沿着作用力方向随时间的延长而增加的变形称为徐变。混凝土在受荷后即发生瞬时变形（以弹性变形为主），随着受荷时间的延长，变形缓慢地增长，即产生徐变。混凝土的徐变变形可达瞬时变形的2～4倍。最终的徐变应变可达（3～15）×10⁻⁴，即0.3～1.5mm/m。卸除荷载后，部分变形将立即恢复，称为瞬时恢复。在卸荷后的一段时间内，变形还会继续恢复，称徐变恢复。最后残留下的不可恢复的变形称为残余变形。

一般认为，混凝土徐变的原因是由于水泥石中凝胶在荷载作用下的黏性流动，并向毛细孔中移动，同时吸附在凝胶粒子上的吸附水因荷载应力而向毛细孔迁移渗透的结果。从水泥凝结硬化过程可知，随着水泥的逐渐水化，新的凝胶体逐渐填充毛细孔，使毛细孔的相对体积逐渐减小。在荷载初期或硬化初期，由于未填满的毛细孔较多，凝胶体的移动较易，故徐变增长较快。后面由于内部移动和水化的进展，毛细孔逐渐减小，徐变速度因而越来越慢。

影响混凝土徐变的因素主要有荷载的大小和开始加荷的时间、混凝土的水灰比、水泥的用量、骨料的弹性模量以及养护条件等。荷载较小、施荷时间较晚、水灰比较小、水泥用量较少、粗细骨料的弹性模量较大及养护较好时，混凝土的徐变均较小。

混凝土不论是受压、受拉或受弯时，均有徐变现象。混凝土的徐变对钢筋混凝土构件来说，能消除钢筋混凝土内的应力集中，使应力较均匀地重新分布。对于大体积混凝土，徐变能消除一部分由于温度变形所产生的应力。但在预应力混凝土结构中，混凝土的徐变将使钢筋的预应力受到损失。

3.5　结构基础不均匀下沉引起的裂缝

在建筑物地基上，各点的土质、压缩模量、对水的渗透系数等可能存在较大差别，如若施工处理不得当，就很有可能使地基土发生不均匀的沉降变形，从而造成混凝土结构发生开裂。这种原因引起的裂缝通常比较宽、比较深，大多沿土质分界线分布，具有一定的规律性。使基础发生不均匀沉降变形的因素主要有：

① 地质勘察误差太大，试验资料准确度不高。

② 地基各部分的地质条件存在过大差异。

③ 结构各部分所承受的外荷载有很大差异。

④ 结构各部分的基础类型存在过大差异。

⑤ 结构各部分的基础可能是分期进行建造的。

⑥ 地基土可能受冻胀影响比较大。

⑦ 结构物基础建造于溶洞、滑坡体或活动断层等不良地质地段上。

⑧ 当结构物建成以后，原有的地基条件因为某种原因发生了明显变化。

⑨ 设计不合理、对工程地质状况认识不够或施工时破坏了原有地质条件。

3.6　冻胀引起的裂缝

当大气温度降到 0℃ 以下时，吸水饱和的混凝土会发生冻胀，此时混凝土内的自由水会变成冰，体积要膨胀 9% 左右，因而在混凝土内会产生膨胀力；另外，混凝土凝胶孔中的过冷水（结冰温度在 −78° 以下）在微观结构中会发生迁移和重新分布从而引起渗透压，致使混凝土中膨胀力增大，混凝土强度减小，并引起裂缝出现。混凝土在初凝时受冻情况尤为严重，成龄后混凝土强度损失可达 30%～50%。当冬季施工时，预应力孔道在灌浆完成之后，若未及时对它采取保温措施就可能引发沿管道方向分布的冻胀裂缝出现。

混凝土吸水饱和和温度在 0℃ 以下是引起冻胀破坏的两个必要条件。混凝土中骨料孔隙率大且吸水性强、骨料中含有过多的泥土等杂质、水灰比（W/C）偏大、施工时振岛不够密实、养护不力等因素都可能使混凝土早期受冻，从而导致混凝土产生冻胀裂缝。当冬季施工时，采用暖棚法、蒸汽加热法、地下蓄热法或电气加热法养护，或在混凝土中加入防冻剂（不宜采用氯盐），均可使混凝土在低温条件下能够正常硬化。

3.7 施工工艺及质量引起的裂缝

在对混凝土结构进行浇筑、拆模、运输、堆放、拼装和吊装过程中，如果施工工艺采用不恰当、施工质量差，则很容易在混凝土结构内引起各种裂缝，这些裂缝形式各异，有纵向的、横向的、竖向的、斜向的、水平的、深进的、表面的或贯穿的等很多类型，尤其是细长薄壁结构更容易出现裂缝。裂缝出现的部位、走向和宽度各不相同，实际工程中比较常见的施工裂缝有[20-30]：

① 由于混凝土保护层厚度过大，或工人在施工时乱踩已绑扎的上层钢筋，致使承受负弯矩的受力钢筋保护层厚度增大，从而使构件的有效高度减小，最终造成沿着和受力钢筋垂直的方向出现了裂缝。

② 由于混凝土振捣不密实、不均匀，产生了蜂窝、麻面、空洞等缺陷，这些缺陷很容易诱发荷载裂缝和钢筋锈蚀。

③ 混凝土浇筑过快，混凝土流动性较低，在硬化前因混凝土沉实不足，硬化后沉实过大，容易在浇筑数小时后发生裂缝，即塑性收缩裂缝。

④ 由于混凝土搅拌、运输时间过长，造成水分过多蒸发而损失，从而使混凝土坍落度过低，这就使得混凝土出现了不规则的收缩裂缝。

⑤ 当采用泵送混凝土施工时，为确保混凝土的流动性，往往要增大水和水泥用量，或因其他原因增大水灰比，从而使得混凝土凝结硬化时收缩量增大，致使混凝土体表出现不规则的裂缝。

⑥ 混凝土在进行分层或分段浇筑时，由于接头部位处理不当，很容易在新旧混凝土和施工缝之间产生裂缝。

⑦ 在进行浇筑混凝土施工时，模板由于自身刚度不足，在侧向压力作用下很容易发生变形，从而引发和模板变形方向一致的裂缝出现。

⑧ 施工时，因为拆模过早，混凝土强度不足，构件在自重或施工荷载作用下很容易出现裂缝。

⑨ 施工前对支架压实不够或支架自身刚度过小，浇筑混凝土后支架发生不均匀下沉，从而在混凝土内产生裂缝。

⑩ 装配式结构，在对构件进行运输和堆放时，由于支撑垫木不能保持在一条垂直线上；构件悬臂过长；在运输过程中构件受到剧烈颠撞；在进行构件吊装作业时，吊点位置采用不当；未对 T 形梁等侧向刚度较小的构件采取可靠的侧加固措施等，这些因素都可能使混凝土产生裂缝。

⑪ 没有采用正确的安装顺序，并且对其可能产生的后果认识不足，致使混凝土出现裂缝。比如，在对钢筋混凝土连续梁进行满堂支架现浇施工时，如果和主梁同时浇筑钢筋混凝土墙式护栏，那么在拆架后墙式护栏经常出现裂缝，但如果改为拆架后再浇筑护栏，就不容易出现裂缝了。

⑫ 对施工质量控制不严。随意套用混凝土配合比，水、砂石和水泥材料等计算或称量不准确，从而引起混凝土和易性、强度、密实度等性能下降，结果造成结构开裂。

3.8　本章小结

对多因素条件下混凝土的裂缝产生机理进行了深入细致的研究和探讨，细分为七大类别逐一进行探讨，分别是：混凝土收缩变形引起的裂缝、钢筋锈胀引起的裂缝、碱骨料反应引起的裂缝、荷载作用引起的裂缝、结构基础不均匀下沉引起的裂缝、冻胀引起的裂缝、施工工艺及质量引起的裂缝。重点分析研究了混凝土收缩变形引起的裂缝，并把混凝土收缩变形进一步按成因划分为干燥收缩变形、冷缩变形、自身体积收缩变形、塑性收缩变形和碳化收缩变形，逐一分析了每种收缩变形的产生机理及其影响因素，然后针对混凝土在收缩变形作用下的约束开裂机制进行了探讨。

参考文献

[1] 朱伯芳. 大体积混凝土温度应力与温度控制 [M]. 北京：中国电力出版社，1999：298-305.

[2] 黄士元. 混凝土早期裂纹的成因及防治 [J]. 混凝土，2000 (7)：3-5.

[3] 李家和，刘铁军. 高强混凝土收缩及补偿措施研究 [J]. 混凝土，2000 (2)：28-30.

[4] 黄国兴，惠荣炎. 混凝土的收缩 [M]. 北京：中国铁道出版社，1990.2-13，67-71，97-118.

[5] 富文权，韩素芳. 混凝土工程裂缝分析与控制 [M]. 北京：中国铁道出版社，2003.

[6] 黄政宇. 土木工程材料 [M]. 北京：高等教育出版社，2002.

[7] Ve'ronique Baroghel-Bounya, Pierre Mounangab, Abdelhafid Khelidjb, et al. Autogenous deformations of cement pastes Part II. W/C effects, micro-macro correlations, and threshold values [J]. Cement and Concrete Research, 2006 (36)：123-136.

[8] 朱伯芳. 大体积混凝土温度应力与温度控制 [M]. 北京：中国电力出版社，1999：298-305.

[9] 蔡正咏. 混凝土性能 [M]. 北京：中国建筑工业出版社，1979：64-87.

[10] Wittmann F H, Schwesinger P. 高性能混凝土：材料特性与设计 [M]. 冯乃谦，译. 北京：中国铁道出版社，1998：77-101.

[11] 王铁梦. 建筑物的裂缝控制 [M]. 上海：上海科学技术出版社，1987.

[12] 朱清江. 高强高性能混凝土研制及应用 [M]. 北京：中国建材工业出版社，1999.

[13] 吴中伟，廉慧珍. 高性能混凝土 [M]. 北京：中国铁道出版社，1999.

[14] Pierre Mounangaa, Ve'ronique Baroghel-Bounyb, Ahmed Loukilic, et al. Autogenous deformations of cement pastes：Part I. Temperature effects at early age and micro-macro correlations [J]. Cement and Concrete Research, 2006 (36)：110-122.

[15] Mak SL, Hynes JP. Creep and shrinkage of U Itra high-strength concrete subjected to high hydration temperature [J]. Cement and Concrete Research，1995，25 (8)：1791-1802.

[16] 蒋元驹，韩素芳. 混凝土工程病害与修补加固 [M]. 北京：海洋出版社，1996.

［17］韩素芳，耿维恕．钢筋混凝土结构裂缝控制指南［M］．北京：化学工业出版社，2004：136-141.

［18］刘崇熙，文梓芸．混凝土碱-骨料反应［M］．广州：华南理工大学出版社，1995.

［19］L. H. Tuthill. Alkali-Silica Reaction-40 years later［C］. Con. Inter. 1982，（4）.

［20］Royw. Carlson et al. Causes and control of cracking in unreinforced mass concrete［C］. ACI. J.，1979，（7）.

［21］吕联亚．混凝土裂缝的成因和治理［J］．混凝土，1999，（5）：43-48.

［22］R. W. Cannon. Controlling cracks in power plant structures［C］. Con. Int.，1985，（5）.

［23］高越美．混凝土裂缝解析与防治［J］．青岛大学学报，2002，（2）：97-98.

［24］日本混凝土工程协会．混凝土裂缝调查及修补规程［S］，牛清山，译．刘春圃，校．冶金建筑研究总院，1981.

［25］H. W. Chung, et al. Early theral cracking of Concrete-a case history［C］. Con. Inter.，1985，（5）.

［26］Prediction of creep, shrinkage and temperature effects in concrete structu-res［S］. ACI209R-82.

［27］谭克锋．高性能混凝土的自收缩性能研究［J］．建筑科学，2002，12（6）：37-41.

［28］结构物裂缝问题学术会议论文选集（第一册）［M］，北京：中国建筑工业出版社，1965.

［29］Effect of Restraint, Volume and Reinforcement on Cracking of Massive Concrete［S］. ACI207. 2R-73（80）.

［30］洪定海．混凝土中钢筋的腐蚀与保护［M］．北京：中国铁道出版社，1998.

［31］Control of Cracking in Concrete Structures［S］. ACI224R-80.

［32］徐崇泉，强亮生．工科大学化学［M］．北京：高等教育出版社，2003.

［33］Bazant ZP, Xi. Drying creep of concrete: constitutive model and experiments separating its mechanisms［J］. Materials and Structure，1994，27：3-14.

［34］Folliard KJ, Berke NS. Properties of high-Performance concrete containing shrinkage-reducing admixture［J］. Cement and Concrete Research，1997，27（9）：1357-1364.

4 混凝土干缩变形的微观分析与数值模拟

两相之间的边界称为界面（Interface），若其中一相为气体，则通常称为表面（Surface），凡是相界面上所发生的一切物理化学现象，统称为表面现象（Surface Phenomena）或界面现象[1]，如图 4-1 所示。

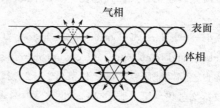

图 4-1 液体表面与体相分子受力情况

4.1 比表面吉布斯自由能与表面张力

4.1.1 分散度

对一定量的物质来说，粉碎程度或分散程度越高，表面积就越大，通常用比表面积 A_s（单位：m^{-1}）表示物质的分散程度。其定义为：每单位体积的物质所具有的表面积，即

$$A_s = \frac{A}{V} \tag{4-1}$$

式中 A（单位：m^2）为体积为 V（单位：m^3）的物质所具有的表面积，对于边长为 l（单位：m）的立方体颗粒，其比表面积可用下列公式计算：

$$A_s = \frac{A}{V} = \frac{6l^2}{l^3} = \frac{6}{l} \tag{4-2}$$

对于松散的聚集体或多孔性物质，其分散度常采用单位质量所具有的表面积 A_m（单位：m^2/kg）表示，即

$$A_m = \frac{A}{m} \tag{4-3}$$

式中 A（单位：m^2）代表质量为 m（单位：kg）的物质所具有的表面积，对边长为 l 的立方体颗粒：

$$A_m = \frac{6l^2}{\rho l^3} = \frac{6}{\rho l} \tag{4-4}$$

式中：ρ——该物质的密度（kg/m^2）。

由此可见，对于一定量的物质，颗粒越小，总表面积就越大，物质的分散度就越高。只有高分散度的体系，表面现象才能达到可以觉察的程度。表 4-1 列出了将边长为 1cm 的小立方体分散为更小的小立方体时，体系的总表面积及比表面积的变化情况。

表 4-1　物体比表面的对比表

边长/cm	总表面积/cm²	总体积/cm³	比表面积/cm⁻¹
1	$A = 6 \times 1^2 = 6$	$V = 1$	$A_s = 6$
0.1	$A = 1000 \times 6 \times (0.1)^2 = 60$	$V = 1000 \times (0.1)^3 = 1$	$A_s = 60$
0.01	$A = 10^6 \times 6 \times (0.01)^2 = 600$	$V = 10^6 \times (0.01)^3 = 1$	$A_s = 600$

4.1.2　比表面吉布斯自由能

在恒温、恒压和组成一定的情况下，可逆地增加体系的表面积，外界对体系所做的表面功 $\delta_{WR'}$ 在表面扩展完成后，会转化为表面层分子的能量，因此表面层的分子比内部分子具有更高的能量，整个体系的吉布斯自由能也增大，并且有如下关系式：

$$dG_{T.P} = -\delta_{WR'} = \sigma dA \qquad (4-5)$$

比例系数 σ 为在等温、等压及组成不变的条件下，增加单位表面积时体系吉布斯自由能的增量，称为比表面吉布斯自由能（Specific Surface Gibbs Energy）或比表面能，单位是 J·m⁻²。

$$\sigma = \left(\frac{\partial G}{\partial A} \right)_{T.P.n} \qquad (4-6)$$

4.1.3　表面张力

我们也可以从另一个角度来考虑 σ 的物理意义。在一定条件下，将金属框蘸上肥皂液，然后再缓慢地将金属框在力 F 的作用下移动距离 Δx，使肥皂沫的表面积增加 ΔA，如图 4-2 所示。因为在金属框的两面具有两个表面，所以共增加表面积为 $\Delta A = 2l\Delta x$，在此过程中环境所作的表面功为 $-W'_R = F\Delta x$，它转变的液膜的表面吉布斯自由能，即 $F\Delta x = \sigma \Delta A = \sigma \cdot 2l\Delta x$，所以

$$\sigma = \frac{F}{2l} \qquad (4-7)$$

可见，比表面吉布斯自由能在数值上等于：在液体的表面上，垂直作用于单位长度线段上的紧缩力，故称为表面张力（Surface Tension）。对于平面液面来说，表面张力的方向与液面平行；对于曲面来说，表面张力的方向与界面切线方向一致[1-10]。表 4-2 列出了一些常见液体在不同温度下的液体表面张力的大小。

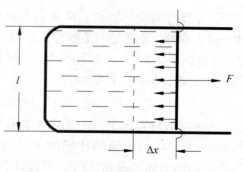

图 4-2　做表面功示意图

表 4-2　不同温度下液体表面张力 $\sigma \times 10^3$（N·m^{-1}）

液体	0℃	20℃	40℃	60℃	80℃	100℃
水	75.64	72.75	69.56	66.18	62.61	58.85
乙醇	24.05	22.27	20.60	19.01	—	—
甲醇	24.5	22.6	20.9	—	—	15.7
四氯化碳	—	26.8	24.3	21.9	—	—
丙酮	26.2	23.7	21.2	18.6	16.2	—
甲苯	30.74	28.43	26.13	23.81	21.53	19.39
苯	31.6	28.9	26.3	23.7	21.3	—

4.2　表面张力、凹液面曲率对混凝土毛细孔内液体压力的影响

4.2.1　弯曲液面的附加压力

　　由于表面张力的作用，在弯曲表面下的液体或气体，不仅承受环境的压力 P，还承受由于表面张力的作用而产生的附加压力 ΔP，如图 4-3 所示，由图中可以看出 $\Delta P = P_L - P_g$，对于凸液面，附加压力方向指向液体内部，此时 ΔP 为正值；对于凹液面，附加压力方向指向液体外部，此时 ΔP 为负值。

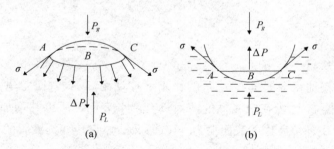

图 4-3　弯曲液面的附加压力

　　为了推导附加压力与表面张力和曲率半径的关系，可设计一较大容器，底部连有毛细管，如图 4-4 所示。液滴外压为 P，弯曲液面附加压力为 ΔP，大液面上活塞施加的压力为 P'，平衡时应有下列关系：

$$P' = P + \Delta P \quad 或 \quad \Delta P = P' - P \qquad (4-8)$$

　　当活塞的位置向下做一无限小的移动时，大量液体的体积减小 dV，而小液滴的体积增大 dV，此过程中液体得功 $P'dV$，液体对环境做功 PdV，液体净得功为 $P'dV - PdV = \Delta PdV$，此功用来克服表面张力而增大液滴的表面积 dA，因

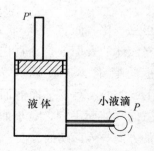

图 4-4　附加压力与
曲率半径的关系

此有：

$$\Delta P \mathrm{d}V = \sigma \mathrm{d}A, \quad \Delta P = \frac{\sigma \mathrm{d}A}{\mathrm{d}V} \tag{4-9}$$

因球面积 $A = 4\pi R^2$，所以 $\mathrm{d}A = 8\pi R \mathrm{d}R$；球体积 $V = \frac{4}{3}\pi R^3$，$\mathrm{d}V = 4\pi R^2 \mathrm{d}R$，把它们代入式（4-9）可得到：

$$\Delta P = \frac{2\sigma}{R} \tag{4-10}$$

应当指出，由于表面紧缩力总是指向曲面的球心，球内的压力一定大于球外，对于空气中的液滴（凸液面）来说，曲率半径为正，则 ΔP 为正值，对液体中的气泡（凹液面）来说，曲率半径为负，则 ΔP 为负值。

4.2.2　混凝土毛细孔受力状态分析

取一毛细孔隙单元进行受力分析，毛细孔隙内的液体在混凝土发生干缩之前，应该处于静力平衡状态，可据此建立力的平衡方程。假设孔隙内凹形液面的曲率半径为 R_0，则由图 4-5 可知，$P_{L0} + \Delta P_0 = P_g$，又由上节分析可知 $\Delta P_0 = \frac{2\sigma}{R_0}$，从而 $P_{L0} = P_g - \frac{2\sigma}{R_0}$；再以毛细孔壁为研究对象进行受力分析，由静力平衡条件可以得到 $P_{S0} = P_{L0}$。在干燥蒸发或水泥水化耗水条件下，毛细孔隙内的液体减少、液面下降，假定某个时刻液面曲率半径减小为 R_1，$R_1 < R_0$，液体和毛细孔壁在这一时刻各自达到新的平衡状态，采用同样的静力分析方法可以得到 $P_{S1} = P_{L1} = P_g - \frac{2\sigma}{R_1}$，显然 $P_{S0} > P_{S1}$，取 $\Delta P_{S1} = P_{S0} - P_{S1}$，可以推断出单个毛细孔从 R_0 到 R_1 这一过程中发生的体积收缩变形量相当于把量值为 ΔP_{S1} 的围压单独施加在毛细孔壁上时所产生的体积收缩变形量[5-15]。计算模型可以简化为如图 4-6 所示。

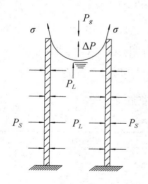

图 4-5　孔隙实际受力状态

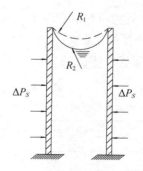

图 4-6　简化处理后的孔隙受力状态

图 4-5 中，σ 为液体表面张力；ΔP 为附加压力（表面张力的合力）；P_g 为饱和蒸气压；P_L 为液体压强；P_S 为施加在孔壁上的围压。

4.3　毛细孔隙干缩变形的 ANSYS 有限元模拟计算

在进行毛细孔干燥收缩分析研究时，直径 2.5nm≤d≤
50nm 的毛细孔才需要考虑液体表面张力的影响，当直径
d＞50nm 时，毛细孔隙张力很小，可以忽略不计；而当直径
d＜2.5nm 时，在毛细孔隙内不会形成凹液面。为了方便和
简化对问题的分析，假设所有毛细孔隙直径均为 40nm，考
虑到单个毛细孔隙由于干缩作用所引起的变形和内力只会局
限在孔壁周围很小的范围内，尝试选取 shell63 单元对孔壁
进行有限元分析和建模，单元实常数取为 4nm，即孔壁厚
度与孔隙直径之比为 1/10；为了简化计算和方便分析问题，
取孔隙长度均为 120nm。又考虑到毛细孔壁的收缩不可避

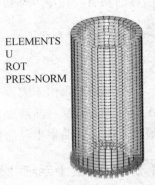

ELEMENTS
U
ROT
PRES-NORM

图 4-7　单个毛细孔隙的
ANSYS 分析计算模型

免地要受到底部和周围混凝土的牵拉、约束和限制，所以最终建立起来的 ANSYS 分析
计算模型在孔壁底部所有的单元节点自由度均为零，量值为 ΔP_S 的围压施加在毛细孔
壁四周各单元上。依据图 4-6 所示简化处理后的孔隙受力状态最终可建立起如图 4-7 所
示的 ANSYS 有限元分析模型[2]。另外，为了统一计算单位，这里规定用 μm（微米）
来作为长度、变形和位移的计算单位，相应地取 GPa 作为压强、应力的计算单位，以
mN（毫牛，10^{-3}N）作为力的计算单位。分析计算时取 E＝24GPa、ν＝0.2 分别作为
混凝土的弹性模量和泊松比。

4.3.1　混凝土体积干缩应变与孔隙内凹形液面曲率半径之间的关系

为了分析问题的方便，取液体表面张力为常量 σ＝72.75×10^{-3}N/m＝72.75×10^{-6}
mN/μm（这个数值为纯水在 20℃时的表面张力），依次计算曲率半径从 R_0 下降到 R_i
（i＝1，2，…）时所引起的孔隙干缩变形和干缩应力。在孔壁单元周围应施加的换算围
压值计算结果如表 4-3 所示，ANSYS 分析计算结果如图 4-8～图 4-18 所示。曲线变化
图 4-19 显示出混凝土体积干缩应变与凹液面曲率半径二者之间的关系。

表 4-3　毛细孔壁换算围压计算汇总

（取表面张力 σ 为纯水在 20℃时的表面张力，即 σ＝72.75×10^{-3}N/m）

凹液面主曲率半径 R_i/μm	液体表面张力所产生的附加压力 ΔP/GPa $\Delta P_i = 2\sigma/R_i$（i＝1，2，…）	孔壁周围计算围压 ΔP_S/GPa $\Delta P_{Si} = \Delta P_i - \Delta P_0$（$i$＝1，2，…）
R_0＝0.02	ΔP_0＝7.275×10^{-3}	—
R_1＝0.015	ΔP_1＝9.7×10^{-3}	ΔP_{S1}＝2.425×10^{-3}
R_2＝0.01	ΔP_2＝14.55×10^{-3}	ΔP_{S2}＝7.275×10^{-3}
R_3＝0.005	ΔP_3＝29.1×10^{-3}	ΔP_{S3}＝21.825×10^{-3}
R_4＝0.0025	ΔP_4＝58.2×10^{-3}	ΔP_{S4}＝50.925×10^{-3}

① 当凹形液面曲率半径由 R_0 减小到 R_1 时，依据图 4-8 可知，发生干缩变形后的毛细孔半径 $r_1 = r_0 - \Delta r_1 = 20 - (1.048 + 0.945) \times 10^{-5} \times 10^3/2 = 19.990035$（nm），则发生干缩变形后的单个毛细孔体积为：

$$V_1 = \pi r_1^2 l = 3.1415926 \times 19.990035^2 \times 120 = 1.506462136 \times 10^5 \ (\text{nm}^3)$$

发生干缩变形前的单个毛细孔体积为：

$$V_0 = \pi r_0^2 l = 3.1415926 \times 20^2 \times 120 = 1.507964448 \times 10^5 \ (\text{nm}^3)$$

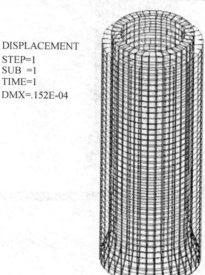

DISPLACEMENT
STEP=1
SUB =1
TIME=1
DMX=.152E-04

图 4-8　毛细孔内液体凹液面曲率半径减小为 R_1 时所引起的毛细孔总的位移变形

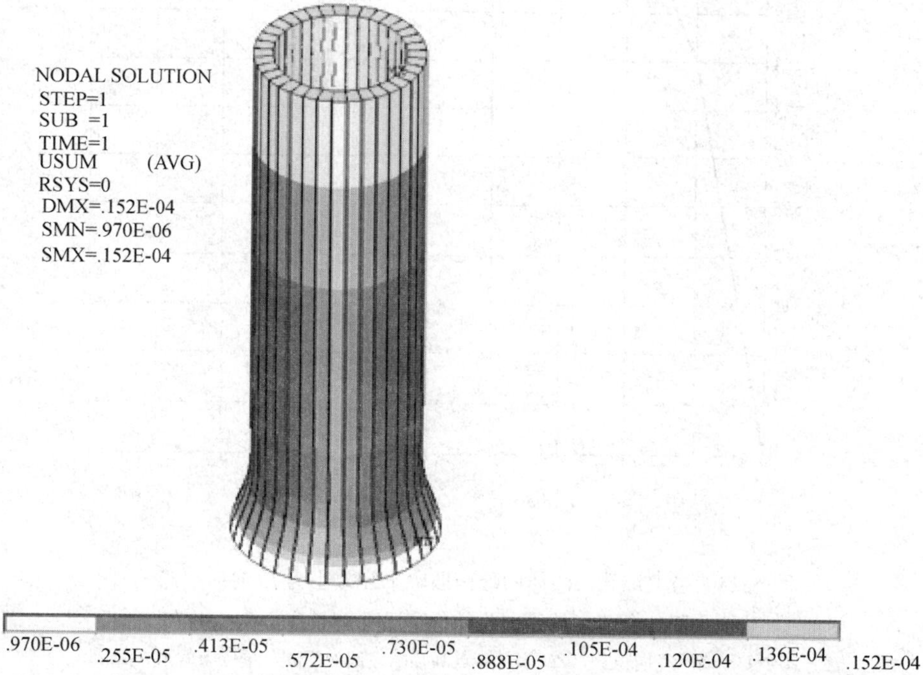

NODAL SOLUTION
STEP=1
SUB =1
TIME=1
USUM　(AVG)
RSYS=0
DMX=.152E-04
SMN=.970E-06
SMX=.152E-04

.970E-06　.255E-05　.413E-05　.572E-05　.730E-05　.888E-05　.105E-04　.120E-04　.136E-04　.152E-04

图 4-9　毛细孔内液体凹液面曲率半径减小为 R_1 时所引起的毛细孔壁各个节点的位移变形

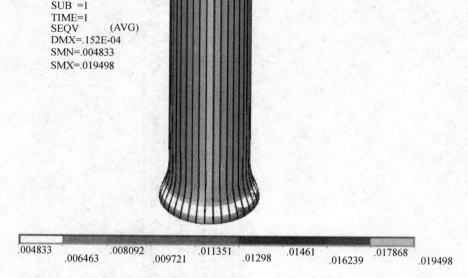

NODAL SOLUTION
STEP=1
SUB =1
TIME=1
SEQV　　(AVG)
DMX=.152E-04
SMN=.004833
SMX=.019498

.004833　　.008092　　.011351　　.01298　　.01461　　.016239　　.017868
　　.006463　　.009721　　　　　　　　　　　　　　　　　.019498

图 4-10　毛细孔内液体凹液面曲率半径减小为 R_1 时所引起的毛细孔壁各个节点的等效应力

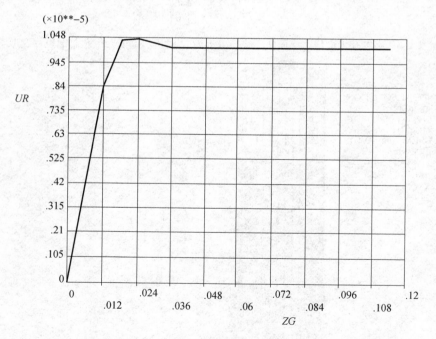

图 4-11　当毛细孔内液体凹液面曲率半径减小为 R_1 时所引起的
毛细孔壁各个节点的径向收缩位移沿孔隙长度方向的分布

注：图中 UR 表示径向位移，ZG 表示各点到孔隙底部的距离，单位为微米（μm）。

则单个毛细孔的体积干燥收缩应变为：

$$\varepsilon_1^1 = \frac{V_0 - V_1}{V_0} \times 100\% \approx 0.0996\%$$

若假设所有毛细孔隙的直径均为 40nm，所有孔隙均为开口状态且蒸发速率相等，另外假设在开始时刻所有毛细孔隙内的凹液面曲率半径相等为 R_0，取 5% 为一般混凝土的毛细孔率，那么可粗略计算出由于水分蒸发或水泥水化耗水致使半径从 R_0 减小到 R_1 时所引起的混凝土体积收缩应变 ε_1。

$$\varepsilon_1 = \frac{V_{孔} \cdot \varepsilon_1^1}{V_{混凝土}} \times 100\% = \frac{n \cdot V_{混凝土} \cdot \varepsilon_1^1}{V_{混凝土}} \times 100\% = (n \cdot \varepsilon_1^1) \times 100\%$$

$$= (0.05 \times 0.0996) / 100 = 49.8 \times 10^{-6}$$

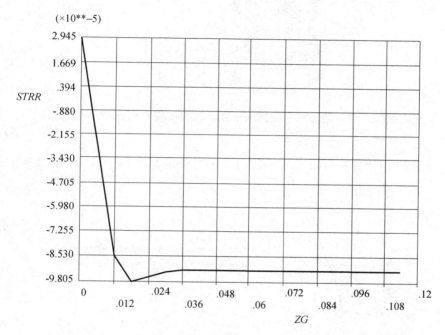

图 4-12　当毛细孔内液体凹液面曲率半径减小为 R_1 时所引起的
毛细孔壁各个节点的径向收缩应力沿孔隙长度方向的分布

注：图中 $STRR$ 表示应力，单位为 GPa；ZG 表示各点到孔隙底部的距离，单位为 μm。

② 当凹液面曲率半径从 R_0 下降到 R_2 时，根据图 4-14 可知，毛细孔壁收缩后的孔隙半径 $r_2 = r_0 - \Delta r_2 = 20 - (3.144 + 2.826) \times 10^{-5} \times 10^3 / 2 = 19.97015$（nm），则毛细孔收缩后的体积为

$$V_2 = \pi r_2^2 l = 3.1415926 \times 19.97015^2 \times 120 = 1.503466533 \times 10^5 \text{（nm}^3\text{）}$$

从而一个毛细孔的体积干缩应变为：

$$\varepsilon_2^1 = \frac{V_0 - V_2}{V_0} \times 100\% \approx 0.2983\%$$

则混凝土相应的干缩应变为：

$$\varepsilon_2 = (n \cdot \varepsilon_2^1) \times 100\% = (0.05 \times 0.2983) / 100 = 149.2 \times 10^{-6}$$

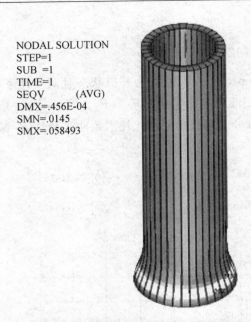

NODAL SOLUTION
STEP=1
SUB =1
TIME=1
SEQV 　　 (AVG)
DMX=.456E-04
SMN=.0145
SMX=.058493

.0145 　　　　.024276 　　　.034052 　　　.043829 　　　.053605
　　　.019388 　　　.029164 　　　.03894 　　　.048717 　　　.058493

图 4-13　毛细孔内液体凹液面曲率半径减小为 R_2 时所引起的毛细孔壁各个节点的等效应力

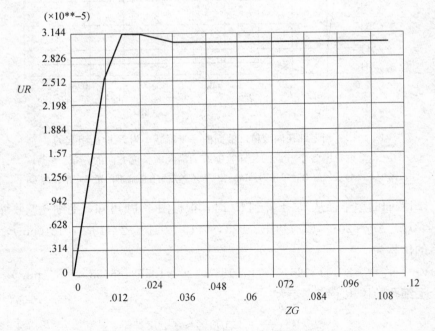

图 4-14　当毛细孔内液体凹液面曲率半径减小为 R_2 时所
引起的毛细孔壁各个节点的径向收缩位移沿孔隙长度方向的分布

③ 当凹液面曲率半径从 R_0 下降到 R_3 时，根据图 4-16 可知，毛细孔壁收缩后的孔隙半径 $r_3 = r_0 - \Delta r_3 = 20 - (9.433 + 8.487) \times 10^{-5} \times 10^3 / 2 = 19.9104$（nm），则毛细孔收缩后的体积为：

$$V_3 = \pi r_3^2 l = 3.1415926 \times 19.9104^2 \times 120 = 1.494483352 \times 10^5 \text{（nm}^3)$$

从而一个毛细孔的体积干缩应变为：

$$\varepsilon_3^1 = \frac{V_0 - V_3}{V_0} \times 100\% \approx 0.8940\%$$

则混凝土相应的干缩应变为：

$$\varepsilon_3 = (n \cdot \varepsilon_3^1) \times 100\% = (0.05 \times 0.8940) / 100 = 447 \times 10^{-6}$$

④ 当凹液面主曲率半径从 R_0 下降到 R_4 时，根据图 4-18 可知，毛细孔壁收缩后的孔隙半径 $r_4 = r_0 - \Delta r_4 = 20 - (22.01 + 19.8) \times 10^{-5} \times 10^3 / 2 = 19.79095$（nm），则毛细孔收缩后的体积为：

$$V_4 = \pi r_4^2 l = 3.1415926 \times 19.79095^2 \times 120 = 1.476605204 \times 10^5 \text{（nm}^3)$$

从而一个毛细孔的体积干缩应变为：

$$\varepsilon_4^1 = \frac{V_0 - V_4}{V_0} \times 100\% \approx 2.0796\%$$

则混凝土相应的干缩应变为：

$$\varepsilon_4 = (n \cdot \varepsilon_4^1) \times 100\% = (0.05 \times 2.0796) / 100 = 1039.8 \times 10^{-6}$$

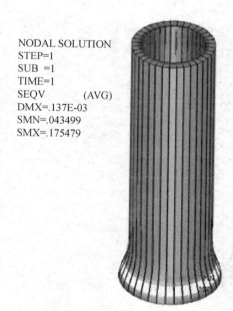

NODAL SOLUTION
STEP=1
SUB =1
TIME=1
SEQV　　　(AVG)
DMX=.137E-03
SMN=.043499
SMX=.175479

.043499　　.058163　　.072828　　.087492　　.102157　　.116821　　.131486　　.14615　　.160815　　.175479

图 4-15　毛细孔内液体凹液面曲率半径减小为 R_3 时所引起的毛细孔壁各个节点的等效应力

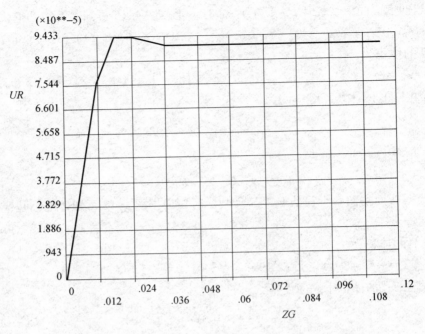

图 4-16　当毛细孔内液体凹液面曲率半径减小为 R_3 时所引起的
毛细孔壁各个节点的径向收缩位移沿孔隙长度方向的分布

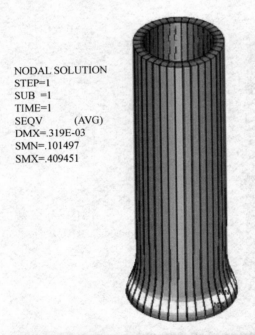

图 4-17　毛细孔内液体凹液面曲率半径减小为 R_4 时所引起的毛细孔壁各个节点的等效应力

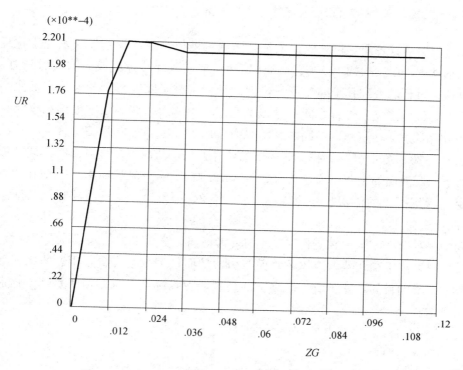

图 4-18　当毛细孔内液体凹液面曲率半径减小为 R_4 时所
引起的毛细孔壁各个节点的径向收缩位移沿孔隙长度方向的分布

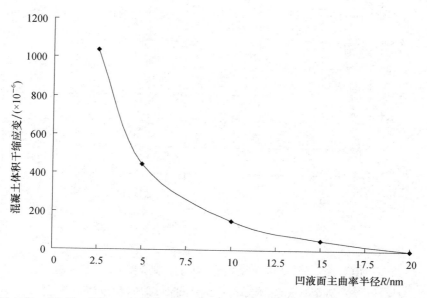

图 4-19　随毛细孔隙内液体凹液面主曲率半径 R 变化的混凝土体积干缩应变曲线

4.3.2　混凝土干缩变形与孔隙内液体表面张力的关系

在进行分析计算时，可先假设毛细孔隙内的液体由于干燥蒸发或水泥水化耗水致使半径均从 $R_0 = 20nm$ 减小到 $R_3 = 5nm$，然后依次改变孔隙内液体的表面张力 σ，分别计算这一过程的毛细孔干缩变形量，据此分析研究干缩变形量随液体表面张力是如何改变的，最后建立起二者之间的数量关系。在不同表面张力 σ 下毛细孔壁换算围压 ΔP_S 的计算如表 4-4 所示。不同的表面张力作用下毛细孔径向收缩位移的计算结果分别绘于图 4-20～图 4-25。根据 4.3.1 节的计算方法，从而可以计算出在不同的液体表面张力下当凹液面的主曲率半径从 $R_0 = 20nm$ 下降到 $R_3 = 5nm$ 时单个毛细孔的体积收缩应变 ε_k^1 及混凝土的体积收缩应变 ε_k（$k = 1, 2, \cdots, 7$），其具体计算结果汇总于表 4-5。曲线变化图 4-26 直观地显示出了混凝土体积干缩应变与孔隙内液体表面张力二者之间的关系[15-20]。如果在制作混凝土时，考虑向拌合用水中加入某种表面活性物质，这样就可以减小毛细孔隙内液体的表面张力，从而达到减小混凝土干燥收缩变形和早期自收缩变形的目的，并能增强混凝土的抗裂能力，混凝土减缩剂就是基于这一原理开发出来的。

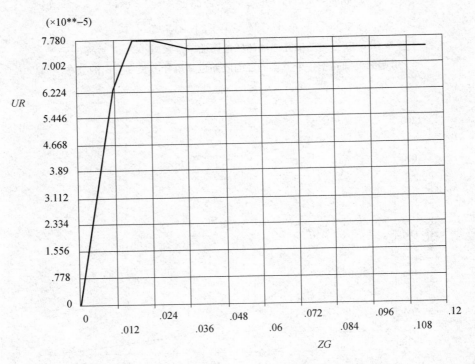

图 4-20　当孔隙内液体表面张力为 σ_2 时所引起的毛细孔壁
各个节点的径向收缩位移沿孔隙长度方向的分布

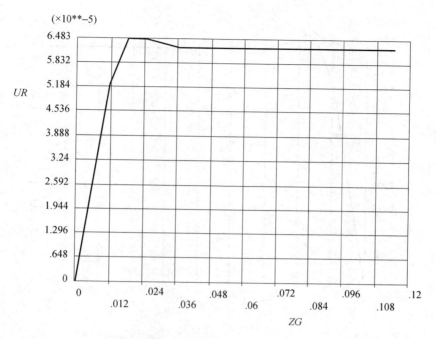

图 4-21 当孔隙内液体表面张力为 σ_3 时所引起的毛细孔壁
各个节点的径向收缩位移沿孔隙长度方向的分布

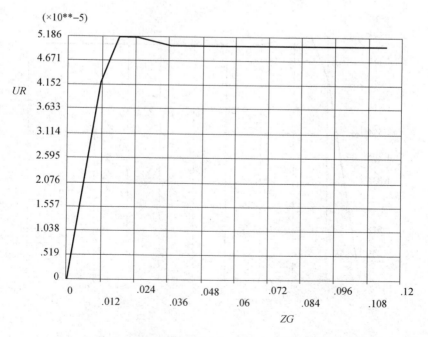

图 4-22 当孔隙内液体表面张力为 σ_4 时所引起的毛细孔壁
各个节点的径向收缩位移沿孔隙长度方向的分布

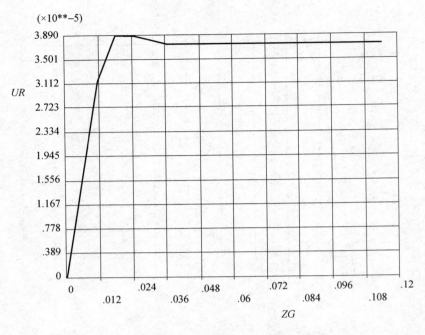

图 4-23　当孔隙内液体表面张力为 σ_5 时所引起的毛细孔壁
各个节点的径向收缩位移沿孔隙长度方向的分布

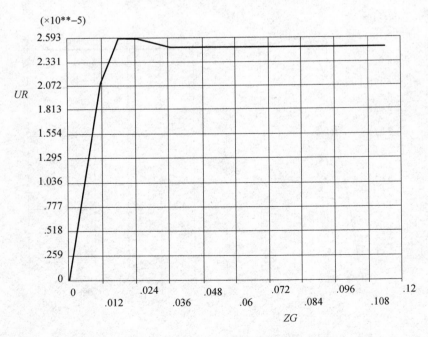

图 4-24　当孔隙内液体表面张力为 σ_6 时所引起的毛细孔壁
各个节点的径向收缩位移沿孔隙长度方向的分布

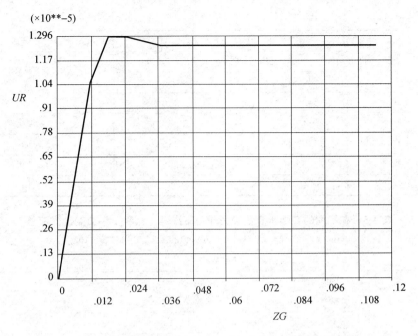

图 4-25 当孔隙内液体表面张力为 σ_7 时所引起的毛细孔壁
各个节点的径向收缩位移沿孔隙长度方向的分布

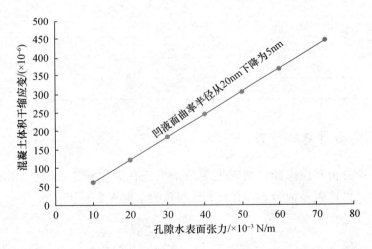

图 4-26 随毛细孔隙水表面张力 σ 变化的混凝土体积干缩应变曲线

表 4-4 毛细孔壁换算围压 ΔP_S 在不同表面张力 σ 下的计算汇总

（毛细孔内液体凹液面主曲率半径从 $R_0 = 0.02\mu m$ 下降到 $R_3 = 0.005\mu m$）

表面张力 σ_k /（mN/μm）	附加压力 ΔP/GPa		孔壁周围计算围压 ΔP_S/GPa
	$\Delta P_{ik} = (2 \times \sigma_k)/R_i$		$\Delta P_{Sk} = \Delta P_{3k} - \Delta P_{0k}$
	ΔP_{0k}	ΔP_{3k}	
$\sigma_1 = 72.75 \times 10^{-6}$	7.275×10^{-3}	29.1×10^{-3}	21.825×10^{-3}
$\sigma_2 = 60 \times 10^{-6}$	6×10^{-3}	24×10^{-3}	18×10^{-3}

续表

表面张力 $\sigma_k /$ (mN/μm)	附加压力 ΔP/GPa		孔壁周围计算围压 ΔP_S/GPa
	$\Delta P_{ik} = (2 \times \sigma_k) / R_i$		$\Delta P_{Sk} = \Delta P_{3k} - \Delta P_{0k}$
	ΔP_{0k}	ΔP_{3k}	
$\sigma_3 = 50 \times 10^{-6}$	5×10^{-3}	20×10^{-3}	15×10^{-3}
$\sigma_4 = 40 \times 10^{-6}$	4×10^{-3}	16×10^{-3}	12×10^{-3}
$\sigma_5 = 30 \times 10^{-6}$	3×10^{-3}	12×10^{-3}	9×10^{-3}
$\sigma_6 = 20 \times 10^{-6}$	2×10^{-3}	8×10^{-3}	6×10^{-3}
$\sigma_7 = 10 \times 10^{-6}$	1×10^{-3}	4×10^{-3}	3×10^{-3}

表 4-5 在不同的孔隙水表面张力作用下混凝土体积干缩应变计算汇总

$[r_0 = 20\text{nm}, V_0 = \pi r_0^2 l = 3.1415926 \times 20^2 \times 120 = 1.507964448 \times 10^5 \ (\text{nm}^3)$

混凝土孔隙率 $n = 5\%]$

r_k/nm	干缩后单个孔隙体积/nm³	单个孔隙的体积干缩应变	混凝土体积干缩应变	备注
	$V_k = \pi r_k^2 l$	$\varepsilon_k^l = (V_0 - V_k) / V_0$	$\varepsilon_k = n \cdot \varepsilon_k^l$	
19.9104	149448.3352	0.00894	447×10^{-6}	参考图 4-16
19.92609	149683.9677	0.007377	369×10^{-6}	参考图 4-20
19.938425	149869.345	0.006148	307×10^{-6}	参考图 4-21
19.950715	150054.1602	0.004922	246×10^{-6}	参考图 4-22
19.963045	150239.6914	0.003692	184×10^{-6}	参考图 4-23
19.97538	150425.4125	0.00246	123×10^{-6}	参考图 4-24
19.98767	150610.5701	0.001233	62×10^{-6}	参考图 4-25

4.3.3 干缩应变估算模型建立

前面的理论分析和模拟计算结果表明单个毛细孔的体积干缩应变与孔壁上的换算围压成正比，假设比例系数为 k，则单个毛细孔的干缩应变 ε^1 可表示为

$$\varepsilon^1 = k \cdot \left(\frac{2\sigma}{R} - \frac{2\sigma}{R_0} \right) \tag{4-11}$$

根据前面的计算结果，当 $R = 0.015\mu m$、$R_0 = 0.02\mu m$、$\sigma = 72.75 \times 10^{-6} \text{mN}/\mu m$ 时，$\varepsilon^1 = 0.0996\%$，带入式（4-11）可求得系数 $k = \dfrac{996}{2425} (\mu m)^2/\text{mN}$，若用 n 表示混凝土的毛细孔率，则混凝土的宏观体积干缩应变 ε 可表示为

$$\varepsilon = \frac{V_\text{孔} \cdot \varepsilon^1}{V_\text{混凝土}} = \frac{n \cdot V_\text{混凝土} \cdot \varepsilon^1}{V_\text{混凝土}} = n \cdot \varepsilon^1 = \frac{1992 \cdot n \cdot \sigma}{2425} \cdot \left(\frac{1}{R} - \frac{1}{R_0} \right) \tag{4-12}$$

式中：R_0——初始状态混凝土毛细孔内凹液面曲率半径；

R——当前状态混凝土毛细孔内凹液面曲率半径；

σ——孔隙水表面张力。

经过试算分析发现，当 n、σ、R 和 R_0 的值发生改变时，按式（4-12）计算出的干缩应变值和前面有限元模拟计算的结果基本吻合。

式（4-12）作为混凝土干缩应变的估算模型，一方面能够直观地说明干缩产生的微观机理，另一方面能够定量地描述干缩应变和各主要影响因素之间的关系，这对于今后进一步研究如何减少混凝土干缩变形和干缩裂缝是有积极意义的。n、σ、R 和 R_0 这些参数的值需要事先测试出来，该公式的实用价值和相关参数的测试方法有待进一步研究和考证。

4.3.4 干缩应变模拟计算当中存在的不足

通过有限元方法所计算的混凝土干缩应变最大值 $\varepsilon_{max} = 1039.8 \times 10^{-6}$，最小值 $\varepsilon_{min} = 62 \times 10^{-6}$，而根据工程建设实践经验可知，混凝土的干缩应变为（200～1000）$\times 10^{-6}$，显然计算结果和实际情况还是有一定差别的[20-24]。经过认真分析后找出以下原因：

① 在计算时，为了简化分析问题，有意地假设混凝土的毛细孔率为 5%，且均为直径为 40nm 的孔隙，并假设所有孔隙均为开口孔隙，并且蒸发速率相同。这些显然与实际情况有一定出入，实际上，混凝土内的孔隙粗细不一，杂乱无章，有很大一部分是闭口孔隙，孔隙水根本不蒸发收缩，开口孔隙的水分蒸发速率也各不相同，这些因素都无疑会使计算结果偏大。

② 在计算单个毛细孔隙的干燥收缩应变时，所采用的毛细孔的径向收缩位移为计算图形中直线段所对应的位移，而实际计算径向位移是沿孔隙长度方向有一定变化的，这无疑会增大混凝土的计算干缩应变。

③ 混凝土除了发生干燥收缩外，还要伴随着自身体积的收缩变形，而混凝土自缩是由于水泥水化消耗了大量混凝土内的水分，从而致使毛细孔内凹液面下降，产生毛细孔张力，引起混凝土收缩。

本次模拟计算尽管存在着上面所述的各种缺陷，但仍然有着一定的参考价值，特别是能够定性地说明混凝土干缩的微观机理，通过定量地描述了混凝土干缩应变与孔隙内液体表面张力、凹液面曲率半径之间的关系，可以更好地理解混凝土减缩剂的减缩机理，对于混凝土抗裂有一定的积极意义。由于混凝土的干燥收缩是微观力学及表面化学方面的问题，如果能够在建立起真正符合实际的微尺寸单元体之后再进行有限元模拟计算，那么误差就会大大减小，而目前国内外在这方面的研究进展很慢，几乎没有这方面的文献资料。

4.4 本章小结

本章主要介绍了表面现象、吉布斯自由能、表面张力等内容，然后从微观角度分析了毛细孔的受力状态，最后利用 ANSYS 有限元计算软件对单个毛细孔的干缩应变进行了模拟计算。重点计算了当液体表面张力不变，毛细孔内凹液面曲率半径下降到不同值时所产生的混凝土收缩应变，以及当凹液面曲率半径下降幅度相同，液体表面张力为不同值时所产生的混凝土收缩应变。分析计算结果表明，混凝土的干缩变形和毛细孔壁周围的换算围压大致成正比，据此从微观角度建立了混凝土干缩应变的估算模型 $\varepsilon = \dfrac{1992 \cdot n \cdot \sigma}{2425} \cdot \left(\dfrac{1}{R} - \dfrac{1}{R_0} \right)$，并分析了数值模拟计算当中存在的误差和应该改进完善的的方面。

参考文献

［1］ 徐崇泉，强亮生．工科大学化学［M］．北京：高等教育出版社，2003.

［2］ 郝文化．ANSYS 土木工程应用实例［M］．北京：中国水利水电出版社，2005.

［3］ Bazant Z P. Mathematical models for creep and shrinkage of concrete［A］. In: Bazant Z P, Wittmann F H eds. Creep and shrinkage in concrete structure［C］. New York: John Wiley & Sons, 1982. 163-256.

［4］ Bazant Z P, Wu S T. Rate type creep law of aging concrete based on maxwell chain［J］. Materials and Structure (RI LEM, Paris), 1974, 7 (37): 45-60.

［5］ Man Yop Han, Lytton R L. Theoretical prediction of drying shrinkage of concrete［J］. Journal of Materials in Civil Engineering, 1995, 7 (4): 204-207.

［6］ Torrenti J M, Granger L, Diruy M, et al. Modeling concrete shrinkage under variable ambient conditions［J］. ACI Materials Journal, 1999, 96 (1): 35-39.

［7］ Majorana C E, Vitaliani R. Numerical modeling of creep and shrinkage of concrete by finite element method［A］. In: Bicanic N, Mang H eds. Computer Aided Analysis and Design of Concrete Structure, Proceedings of SCI 2C Second International Con ference Held in Zell am Sea［C］. Austria, 1990: 773-784.

［8］ 牛焱洲，涂传林．混凝土浇筑块的湿度场与干缩应力［J］．水力发电学报，1991 (2): 87-95.

［9］ 王铁梦．建筑物的裂缝控制［M］．上海：上海科学技术出版社，1987: 17-34.

［10］ 朱清江．高强高性能混凝土研制及应用［M］．北京：中国建材工业出版社，1999.

［11］ 吴中伟，廉慧珍．高性能混凝土［M］．北京：中国铁道出版社，1999.

［12］ 富文权，韩素芳．混凝土工程裂缝分析与控制［M］．北京：中国铁道出版社，2003.

［13］ 黄政宇．土木工程材料［M］．北京：高等教育出版社，2002.

［14］ 梅明荣，任青文．混凝土结构的干缩应力研究综述［J］．水利水电科技进展，2002, 6 (3): 59-61.

［15］ 朱伯芳．大体积混凝土温度应力与温度控制［M］．北京：中国电力出版社，1999.

［16］ 谭克锋．高性能混凝土的自收缩性能研究［J］．建筑科学，2002, 12 (6): 37-41.

［17］ Lars Kraft, Ha. kan Engqvist, Leif Hermansson. Early-age deformation, drying shrinkage and thermal dilation in a new type of dental restorative material based on calcium aluminate cement［J］. Cement and Concrete Research, 2005, (35): 439-446.

[18] 结构物裂缝问题学术会议论文选集：第一册 [M]．北京：中国建筑工业出版社，1965.

[19] A. Ghali，et al. Concrete Structures：Stresses and Deformations [M]，1994.

[20] Z. P. Bazant，et al. Creep and Shrinkage in Concrete Structure [M]．John Wiley & Sons，1982.

[21] Bazant Z P，Xi Y. Drying creep of concrete：constitutive model and experiments separating its mechanisms [J]．Materials and Structure，1994，27：3-14.

[22] Gardner N J，Zhao J W. Creep and shrinkage revisited [J]．ACI Materials Journal，1993，90 (3)：236-246.

[23] 赵文军，曹志勇．干缩对混凝土结构的影响及防治措施 [J]．黑龙江水专学报，2003，12 (4)：105-106.

[24] 肖瑞敏．胶凝材料对混凝土干缩影响的研究 [J]．混凝土与水泥制品，2002，10 (5)：11-13.

5　混凝土抗裂理论分析与试验研究

理论分析和工程实践证明，可以围绕设计、材料、施工等方面采取综合措施来预防混凝土开裂，或者将裂缝控制在无害和最小范围内。下面提出一些预防措施方面的建议[1,5]。

① 为了防止或减少干缩裂缝和塑性裂缝的出现，在具体进行施工时，应该对单位体积用水量、水泥用量进行严格控制，在满足混凝土施工和易性的条件下，应该尽量减小新拌混凝土的坍落度。

② 温度应力对大体积混凝土影响比较大，施工时最好采用低热水泥，尽量采用分层分段的浇筑方法，最大可能地减少温度裂缝的出现。

③ 施工时可在混凝土内加入引气型减水剂。这样可以使混凝土的和易性得到改善，使水的用量减少，同时由于气泡的引入可以在一定程度上增强混凝土的抗裂能力，从而可以达到减少混凝土裂缝的目的。

④ 适量加入超细矿粉可以明显地减少混凝土水化热，从而使混凝土的温缩变形减小，耐久性得到提高，后期强度增强，混凝土的抗裂能力因而得到提高。超细矿粉的种类很多，常见的有磨细粉煤灰、风选粉煤灰、硅铁厂的硅灰、磨细沸石粉、磨细水淬高炉炉渣和磨细石英粉等，这些材料一般是从工业废料或天然砂石中得到的，经济价廉、绿色环保。

⑤ 混凝土浇筑完成后，应该及时覆盖其表面并洒水养护，这样可以明显减少干缩裂缝的出现。

⑥ 混凝土施工时可采用二次振捣和多次抹面工艺。

5.1　表面贴吸水性模板抗裂试验

原材料：
水泥为普通硅酸盐水泥，强度等级为 42.5；自来水；细砂，细度模数 2.1；碎石，连续级配，最大粒径为 31.5mm；某白色布质吸水性模板。

试验仪器：
试模若干，尺寸为 15×15×15（cm）；回弹仪。

试验目的：
研究这种吸水性模板是否有利于提高混凝土的抗裂性能。

试验步骤：

① 计算混凝土配合比。试验所用混凝土强度等级为 C30，水灰比为 0.45，砂率为 34%，1m³ 混凝土中各种材料用量为：水泥 400kg，水 180kg，砂子 610kg，石子 1184kg。

② 按上述所计算配合比制作四块混凝土试块。试块一在制作时，只在相邻的两侧面粘贴吸水性模板；试块二在制作时，只在不相邻的两侧面粘贴吸水性模板；试块三在制作时，四个侧面上全部粘贴吸水性模板；试块四在制作时每个面都不粘贴该种吸水性模板。

③ 经过两天后拆去试模，揭去各试块外表面的白色模板。随后把各混凝土试块置入标准养护试验室继续养护。

④经过一天后，把试块从养护室拿出来，用干毛巾把试块外表面的水分擦干。利用回弹仪按标准操作规程测量试块每个侧面的回弹值，每个侧面保证测够 8 个点，翔实记录下四个侧面的测试数据。测试完毕后，把试块置入养护室继续进行养护。

⑤ 依照上面的测试方法和测试步骤，依次对各试块养护 2d、3d、4d、7d、14d、28d 后的侧面进行回弹值测量并记录下原始数据。

⑥ 整理并分析处理所测数据，考察这种吸水性模板是否能对混凝土的一些性能产生影响，并弄清楚其作用机理，找出隐藏在现象背后的规律，为混凝土抗裂提供帮助。

数据分析：

本次试验过程中拍摄的一些图片如图 5-1～图 5-3 所示。对测量数据的分析处理结果详见表 5-1～表 5-4 和图 5-4～图 5-11 所示。按《回弹法检测混凝土抗压强度技术规程》（JGJ/T 23—2011）进行试验操作和强度换算，未考虑碳化影响，碳化深度按 0 换算。

图 5-1 表面贴布试验中所用吸水性模板

试验结果：

结果显示，在浇灌混凝土时，通过在混凝土试块表面覆盖吸水性模板进行养护，可以有效地增强混凝土的表面硬度和强度，尤其是混凝土的早期强度的提高更加明显，这对预防混凝土过早地出现裂缝是很有帮助的。由于混凝土早期强度不高，早期抗拉强度更低，在各种内外因素的相互影响和综合作用下，混凝土结构物会产生很大的体积收缩变形，从而不可避免地在混凝土内产生了拉应力，结果引起混凝土过早地出现各种各样的裂缝。在混凝土外表面覆盖上这种吸水性模板进行养护，可以显著地改善混凝土的性能，提高其早期强度，这显然对于混凝土抗裂特别是抵御混凝土早期裂缝的出现是很有益的。

该种吸水性模板产生上述效果的原因分析：

混凝土在经历拌合、振捣、灌模等一系列施工工序之后，在早期不可避免地会产生泌水现象，由于自重影响，粗骨料逐渐下沉，水泥浆体上浮并聚集到混凝土试块的外表面，由于水泥水化耗水作用及表面水分蒸发作用的影响，导致在混凝土外表面出现了很多微细连通的孔隙，从而显著降低了结构物的强度、硬度及外观质量。而当采用这种吸水性模板对混凝土进行表面养护处理时，就在一定程度上阻止了表面水分的持续蒸发，同时被吸水性模板所吸收存储起来的水分又可以用于水泥的继续水化过程，结果表面孔隙的数量明显减少了，混凝土的性能得到了改善，表面硬度和强度得到了提高。该种吸水性模板价格不算昂贵，如果将来能够应用于实际工程当中，从初期就对混凝土进行表面养护，将会在一定程度上提高混凝土结构物的质量、强度和耐久性，对于防止混凝土早期开裂会有很大的帮助，如果能够得到推广应用势必会产生一定的经济效益。

图 5-2　表面粘贴吸水性模板的混凝土试块

图 5-3　揭去吸水性模板并用来测量表面回弹值的混凝土试块

表 5-1　试块一的表面回弹值测量数据汇总表

试块一（两邻面贴布）

侧面编号		试块表面回弹值							侧面编号	试块表面回弹值						
		1d	2d	3d	4d	7d	14d	28d		1d	2d	3d	4d	7d	14d	28d
侧面1（贴布）	点1	40	31	40	37	36	39	40	侧面3（不贴布）	22	26	25	28	30	35	32
	点2	32	33	38	36	40	39	41		22	24	27	30	32	34	33
	点3	36	37	37	36	39	42	35		26	27	25	30	33	32	31
	点4	40	36	34	35	40	38	39		22	26	24	29	30	30	40
	点5	33	36	27	30	39	38	40		21	24	24	33	39	28	32
	点6	37	42	33	41	36	39	43		18	25	31	32	28	26	34
	点7	33	30	34	39	45	40	44		35	25	29	25	33	33	34
	点8	33	36	35	35	37	39	39		28	33	26	29	30	37	30
侧面2（贴布）	点1	30	34	31	35	36	38	39	侧面4（不贴布）	22	32	26	22	29	35	22
	点2	32	33	33	30	39	41	39		22	20	26	24	28	32	31
	点3	30	34	30	34	39	38	38		26	18	22	22	22	33	32
	点4	26	34	36	33	40	40	40		24	27	23	27	35	41	35
	点5	31	35	36	40	29	40	40		24	26	26	26	28	32	35
	点6	38	28	32	33	40	42	38		32	25	30	28	27	31	34
	点7	34	26	40	37	35	37	39		19	25	28	20	22	30	42
	点8	27	33	33	36	35	33	42		23	22	22	26	36	27	38
测区平均回弹值		33.1	33.9	34.3	35.4	38.1	39.0	39.6		23.3	25.3	25.7	27.2	30.1	32.2	33.2
测区混凝土强度换算值/MPa		28.4	29.8	30.5	32.5	37.7	39.5	40.7		14.0	16.6	17.1	19.1	23.5	26.9	28.6

表 5-2　试块二的表面回弹值测量数据汇总表

试块二（两对面贴布）

侧面编号		试块表面回弹值							侧面编号	试块表面回弹值						
		1d	2d	3d	4d	7d	14d	28d		1d	2d	3d	4d	7d	14d	28d
侧面1（贴布）	点1	33	38	41	39	36	43	42	侧面3（不贴布）	29	23	29	34	29	29	32
	点2	32	37	32	35	39	37	41		22	31	32	31	30	34	35
	点3	35	28	36	38	40	41	35		30	26	20	30	34	30	33
	点4	33	42	32	39	42	40	40		22	25	34	27	29	33	37
	点5	28	33	35	30	37	38	45		23	22	22	27	28	41	44
	点6	22	35	37	35	36	30	37		30	33	29	31	33	32	30
	点7	35	26	29	33	36	31	37		19	26	26	28	31	33	41
	点8	33	28	33	27	38	38	40		20	26	25	24	30	29	33

试块二（两对面贴布）

侧面编号		试块表面回弹值							侧面编号	试块表面回弹值						
		1d	2d	3d	4d	7d	14d	28d		1d	2d	3d	4d	7d	14d	28d
侧面2（贴布）	点1	37	32	39	42	40	41	39	侧面4（不贴布）	21	30	28	20	30	38	29
	点2	37	32	41	35	41	47	43		29	37	30	33	30	33	36
	点3	40	39	35	33	38	40	38		24	18	25	21	30	28	35
	点4	36	32	38	36	37	36	41		23	22	24	30	35	35	40
	点5	32	32	28	34	40	39	37		20	28	26	28	27	35	33
	点6	30	34	33	37	29	35	39		28	26	24	28	28	33	30
	点7	28	37	36	39	33	41	44		28	23	33	29	22	30	28
	点8	26	29	35	36	38	28	30		20	27	27	26	30	32	31
测区平均回弹值		32.7	33.3	35.0	35.8	37.8	38.5	39.4		24.0	26.0	26.9	28.4	29.7	32.5	33.5
测区混凝土强度换算值/MPa		27.8	28.8	31.8	33.3	37.1	38.5	40.3		14.9	17.5	18.8	20.9	22.9	27.4	29.1

表 5-3　试块三的表面回弹值测量数据汇总表

试块三（各面均贴布）

侧面编号		试块表面回弹值							侧面编号	试块表面回弹值						
		1d	2d	3d	4d	7d	14d	28d		1d	2d	3d	4d	7d	14d	28d
侧面1（贴布）	点1	33	33	39	38	38	39	42	侧面3（贴布）	30	28	35	32	38	44	40
	点2	30	35	33	37	36	41	41		33	37	32	39	38	40	41
	点3	31	32	35	41	44	44	40		35	33	39	42	33	32	33
	点4	34	31	45	34	41	38	38		30	33	39	36	39	35	40
	点5	28	32	32	36	37	33	43		31	34	41	36	43	39	45
	点6	30	30	28	33	36	40	35		32	32	33	36	40	40	36
	点7	30	38	33	29	40	40	39		31	32	32	34	40	38	39
	点8	34	35	33	33	33	38	29		39	41	40	30	35	41	33
侧面2（贴布）	点1	34	38	38	41	30	41	38	侧面4（贴布）	33	35	27	41	37	40	42
	点2	36	33	39	39	39	40	42		30	33	33	35	41	33	42
	点3	25	36	35	35	39	36	39		28	32	36	35	35	38	44
	点4	30	39	30	35	40	43	42		28	34	33	34	36	36	36
	点5	34	35	35	31	40	33	45		33	34	33	34	38	42	38
	点6	32	35	33	38	37	38	44		34	38	31	38	37	37	38
	点7	31	29	34	32	38	36	41		33	30	35	32	40	39	40
	点8	33	30	44	35	36	41	37		30	29	34	28	35	39	39
测区平均回弹值		31.8	33.5	34.9	35.4	38.0	39.0	39.7		31.6	33.2	34.3	35.0	37.8	38.6	39.3
测区混凝土强度换算值/MPa		26.2	29.1	31.6	32.5	37.5	39.5	41.0		25.9	28.6	30.5	31.8	37.1	38.7	40.1

表 5-4　试块四的表面回弹值测量数据汇总表

试块四（各面均不贴布）															
侧面编号		试块表面回弹值							侧面编号		试块表面回弹值					
		1d	2d	3d	4d	7d	14d	28d			1d	2d	3d	4d	7d	14d	28d
侧面1（不贴布）	点1	24	30	31	31	33	35	36	侧面3（不贴布）	24	30	32	30	32	33	37
	点2	23	26	26	34	34	37	34		23	25	30	28	34	28	30
	点3	27	29	31	28	28	30	33		21	33	28	26	28	38	34
	点4	23	28	26	34	28	31	38		22	22	27	27	36	40	32
	点5	23	20	24	27	30	38	29		28	30	28	30	30	35	41
	点6	26	25	27	31	32	27	34		22	26	25	36	24	22	34
	点7	25	26	22	25	36	25	28		23	22	22	26	30	39	33
	点8	24	22	25	27	29	30	35		23	23	25	33	29	32	34
侧面2（不贴布）	点1	24	24	34		37	33	39	侧面4（不贴布）	24	29	26	28	29	31	29
	点2	24	30	34		34	30	30		25	23	28	30	34	29	34
	点3	27	22	27	31	34	30	30		20	25	22	31	30	30	38
	点4	28	26	30	30	26	35	35		23	24	23	30	27	30	33
	点5	20	30	25	26	30	39	30		26	26	31	24	31	33	28
	点6	23	32	26	26	27	33	32		25	26	25	22	33	33	33
	点7	25	25	25		30	28	28		23	33	30	28	26	31	30
	点8	22	24	25	31	30	30	33		24	24	24	28	30	35	35
测区平均回弹值		24.1	26.3	26.8	28.5	30.5	32.1	33.2		23.4	25.8	26.6	28.5	30.4	32.3	33.2
测区混凝土强度换算值/MPa		15.0	17.9	18.6	21.1	24.1	26.7	28.6		14.1	17.2	18.3	21.1	23.9	27.1	28.6

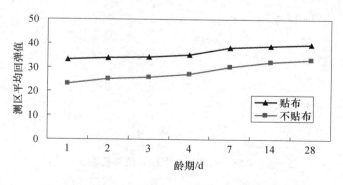

图 5-4　试块一的测区平均回弹值随龄期变化曲线

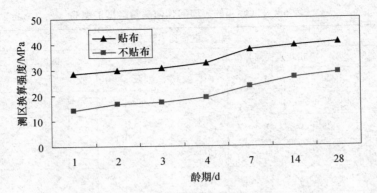

图 5-5　试块一的测区强度换算值随龄期变化曲线

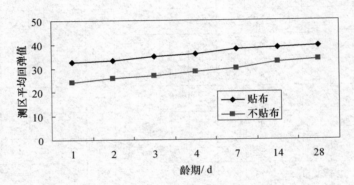

图 5-6　试块二的测区平均回弹值随龄期变化曲线

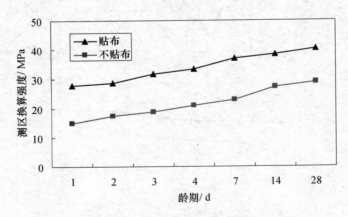

图 5-7　试块二的测区强度换算值随龄期变化曲线

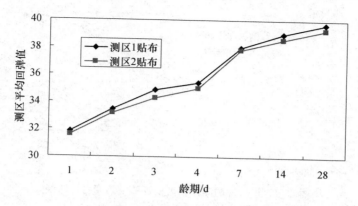

图 5-8 试块三的测区平均回弹值随龄期变化曲线

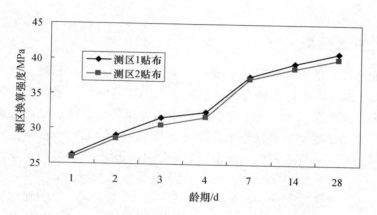

图 5-9 试块三的测区强度换算值随龄期变化曲线

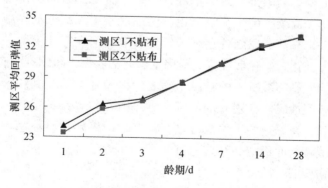

图 5-10 试块四的测区平均回弹值随龄期变化曲线

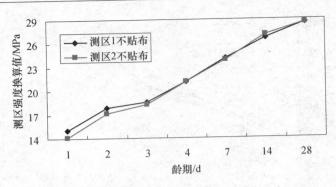

图 5-11　试块四的测区强度换算值随龄期变化曲线

5.2　混凝土减缩剂试验研究

5.2.1　减缩剂发展概况

在干燥的环境条件下，混凝土很容易发生体积收缩，这是混凝土的一个缺点。已经硬化的混凝土结构在这种干缩变形的影响下会出现裂缝等问题，并且这些问题会不断发展和扩大，从而在很大程度上降低混凝土的使用寿命。近年来，随着建筑材料学科的发展和进步，出现了一种新型的混凝土外加剂——减缩剂。在制作混凝土或水泥砂浆时，适量加入一些减缩剂，可以很明显地减小混凝土或砂浆的干燥收缩变形，一般能使其 28 天的收缩变形减少 $50\%\sim80\%$，最终收缩变形减少 $25\%\sim50\%$，从而显著提高了混凝土或砂浆的抗裂能力，所以学者 S. P. Shah 称减缩剂和纤维增强是混凝土抗裂方面最为有效的两个措施。关于减缩剂的减缩机理，学术界比较认可的观点是减缩剂能够明显减小混凝土中的毛细管张力。减缩剂大都具有表面活性，有些减缩剂本身可以作为表面活性剂使用。混凝土的宏观体积收缩实际上是毛细孔隙在毛细管张力作用下所发生的干缩变形的累加，减缩剂的存在使这种毛细管张力降低了，从而每个毛细孔隙的干缩变形和混凝土的干缩变形也就随之减小了。减缩剂在减小混凝土干燥收缩和自收缩方面效果显著，原因就在于这两种收缩变形在本质上都是由毛细管张力引起的。对于由温度变化、碳化反应等其他因素引起的收缩，减缩剂没有减缩作用。

关于减缩剂如何影响混凝土的自由干缩变形以及在干缩受到约束限制的条件下如何影响混凝土的开裂情况，在现有的文献资料中有比较详细的描述。然而这些文献资料只是简单地提到了减缩剂的主要成分，并没有对减缩剂的具体结构和组成进行详细描述。本文针对减缩剂的组成、结构及其对混凝土性能的影响进行了深入研究，提出了用作减缩剂的物质的一般要求[6-20]。

5.2.2　混凝土减缩剂的研究进展

1982 年，减缩剂（Shrinkage Reducing Agent，SRA）最早由三洋化学工业公司和

日产水泥公司研制成功，在日本被称为"收缩低碱剂"，Goto[29]等人在 1985 年获得了这项研究成果的专利权。随后有很多日本和美国的学者在这一领域开展了大量的研究工作，并取得了一系列的研究成果。

众所周知，裂缝的出现会在一定程度上影响混凝土的强度、刚度、外观质量和耐久性，严重的会使混凝土内的钢筋发生锈蚀，进而使混凝土的性能不能正常发挥，使混凝土的使用寿命缩短。怎样避免或减少混凝土干缩裂缝的出现，这个问题引起了各国学者的极大兴趣和广泛关注。混凝土膨胀剂的成功研发为解决混凝土干缩问题提供了一个重要途径，目前膨胀剂在自应力混凝土、无收缩自流型灌浆材料和补偿收缩混凝土等方面得到了广泛使用。但是采用膨胀剂掺量大、经济性差，并且不容易控制其膨胀率；早期必须在有水的条件下对混凝土进行养护，如果养护条件不满足要求，膨胀剂就不能提供膨胀；并且在混凝土中掺入膨胀剂后很容易诱发碱骨料反应。因而研究开发无碱、低掺量、高性价比的有机减缩剂就显得极为重要。从 20 世纪 80 年代开始，日本、美国等国家率先开发出一些混凝土减缩剂，如小分子醇、氧化乙烯烷基醚、聚羧酸与氧化乙烯烷基醚接枝共聚物等。1%～3%的掺入量可以使混凝土或水泥砂浆在 7d、28d 和 90d 的干缩量减小 30%～40%，减缩效果很显著。

据有关资料介绍，减缩剂的化学成分主要是聚醚或聚醇类有机物，富田六郎[30]经过调查分析和归纳总结，在 1988 年首次采用通式 $R_1O(AO)_nR_2$ 来表示减缩剂的主要化学成分，通式中 A 为碳原子数为 2～4 的环氧基或两种不同的环氧基以随机顺序重合；n 是一整数，为重复度，通常取值为 2～5，$n>10$ 的大分子结构也拥有减缩能力；R 为 H 基、苯基、烷基或环烷基。一般来说，在合成精制过程中会产生重合度不同的物质，所以其实际成分应该是具有不同重合度的混合物。

富田六郎在 1985 年对日本专利中的一些减缩剂进行了归纳，如表 5-5 所示。随后在 1995—1998 年的近四年时间内，日本和美国的一些学者针对这个课题又开展了一系列的研究工作，并获得很多新的发现。

总体说来，减缩剂是由聚醇类或聚醚类等有机物或它们的衍生物组成，可以用通式 $R_1O(AO)_nR_2$ 或 $Q[(OA)_pOR]_x$ 来表示，R 可以是 H 基、C_1～C_{12} 烷基、C_5～C_8 环烷基或苯基，其中以 C_3～C_5 烷基为最好；A 表示具有 2～4 个碳原子数的环氧基、C_5～C_8 烯基，或这两种官能团的组合；Q 表示 C_3～C_{12} 的脂肪烃官能团；p、n、x 代表聚合度，$p=0$～10，$n=1$～80，$x=3$～5。表 5-6 列出了部分减缩剂的物理性能。有些专利还给出了具有上述结构的有机物或其衍生物复合成的具有减缩效果的物质，如超细钙、硅粉、甜菜碱等。

减缩剂按其化学成分可分为单一组分和多组分两种类型，其中单一组分的减缩剂又可根据其官能团的不同划分为聚氧乙烯类减缩剂、醇类减缩剂和其他类型的减缩剂。混凝土减缩剂通常需要满足下面一些要求：①能够减小混凝土中水溶液的表面张力；②耐碱性强；③温度变化对其降低水溶液表面张力的能力影响小；④具有较低的、稳定的引气能力；⑤和常用的早强剂、减水剂、缓凝剂等混凝土外加剂有良好的相容性；⑥和常用的引气剂有良好的相容性，不降低其引气能力；⑦制备的混凝土干缩值较低；

⑧价格低、经济性好；⑨容易存储和使用。

减缩剂已经发展成为混凝土的一种新型外加剂，从 20 世纪 80 年代初期开始，日本就率先把减缩剂应用在了多项工程中。现如今，减缩剂正在从单一组分逐渐向多组分、复合型的方向发展。过去单一组分减缩剂存在很多使用上的缺陷，比如它在减小混凝土干缩变形的同时往往也会对混凝土的强度和引气剂的引气效果产生不良影响，而多组分的混凝土减缩剂就不存在这样的问题。到现在减缩剂已经发展了将近 30 年，但由于其成本造价高，在工程中一直没有真正推广开来。根据 1985 年日本市场的数据，减缩剂的售价大都在每千克 600 日元以上，在混凝土内的掺量在 2％以上，混凝土价格每立方米上涨 2000～8000 日元，折合 19～75 美元，这样的成本上涨幅度一般工程是很难接受的。在美国，考虑到减缩剂的掺入会使混凝土每立方米造价至少上涨 33 美元，所以其应用前景同样堪忧。我国从 20 世纪 90 年代才开始对减缩剂进行研究，同样是因为减缩剂成本比较高，所以在我国也没有得到大规模推广应用。减缩剂作为一种混凝土新型外加剂，要想在工程中得到广泛应用，还有很多研究工作要做，还存在着很多问题需要解决。在今后的研究中，应着重考虑从以下几个方面入手开展工作：①减缩剂的减缩机理研究；②新型混凝土减缩剂的开发研究；③多组分混凝土减缩剂的开发研究；④减缩剂的掺入对混凝土性能影响的研究[21-25]。

表 5-5　日本专利中一些减缩剂的化学组成

No.	化学组成	说明	专利号
1	$HO(C_3H_6O)_4H$	聚丙撑二醇	昭 58—24225
2	$CH_3O(C_2H_4O)_3H$	环氧乙烷甲醇附加物	昭 54—110903
3	$C_2H_5O(C_2H_4O)_4(C_3H_6O)_4H$	环氧乙烷环氧丙烷嵌段聚合物	昭 54—110903
4	$H(C_2H_4O)_{15}(C_3H_6O)_5H$	环氧乙烷环氧丙烷随机聚合物	昭 57—129880
5	$HO(C_2H_4O)_4H$	环氧乙烷环烷基附加物	昭 56—500786
6	$CH_3O(C_2H_4O)CH_3$	环氧乙烷甲基附加物	昭 58—60293
7	$O(C_2H_4O)_2H$	环氧乙烷苯基附加物	昭 58—107528
8	$(CH_3O(C_2H_4O)_2)_2CH_2$	两端附加环氧乙烷甲醇	昭 58—119563
9	$(CH_3)_2-N-(C_2H_4O)_3H$	环氧乙烷二甲胺基附加物	昭 58—119562

表 5-6　部分减缩剂的物理性能

序号	主成分	外观	密度/(g/mL)	黏度/cps	表面张力/(dyn/cm)	溶解性	掺量
1	低级醇烷撑环氧化合物	无色透明液体	0.98	16	41.9	易溶	4％
2	低级醇烷撑环氧化合物	青色透明液体	1.00	20	29.6	易溶	2.5％
3	聚醚	无色—淡色液体	1.02	100±20	39.5	易溶	2％～6％
4	聚醇	淡黄色液体	1.04	50	33.5	难溶	1％～4％

随着社会经济的发展、减缩剂研制技术的进步以及人们对混凝土裂缝等耐久性问题关注度的日益提高，相信在不久的将来减缩剂定会有更大的发展和使用空间。

5.2.3　混凝土减缩剂的减缩机理及其对混凝土物理性能的影响

（1）混凝土减缩剂的减缩机理

通过前面章节的研究和分析可知，混凝土的干缩变形和自收缩变形是引起混凝土裂缝的重要因素，而这两种体积收缩变形归根到底都是由混凝土内的毛细管张力引起的，自收缩变形的毛细管张力是由于水泥水化耗水致使混凝土毛细孔内的液面下降而产生的，而干缩变形的毛细管张力是由于水分干燥蒸发致使毛细孔内的液面下降而产生的。毛细孔内液体表面张力和凹液面曲率半径是影响这种毛细管张力量值的最主要因素。可采用 Laplas[35] 公式计算毛细管张力：

$$\Delta P = 2\sigma/R = 2\sigma\cos\theta/r \tag{5-1}$$

式中：ΔP——毛细管张力（MPa）；

　　　R——凹液面的曲率半径（mm）；

　　　σ——液体表面张力（N/mm）；

　　　θ——凹液面和毛细孔壁之间的接触角；

　　　r——毛细孔半径（mm）。

在 σ 相同的情况下，毛细孔半径 r 和孔隙内液面曲率半径 R 越小，液面降低时所引起的毛细管张力就越大，混凝土由此发生的收缩变形也就越大；当曲率半径 R 保持不变时，毛细管张力和表面张力成正比关系。纯水在常温下的表面张力大约是 72×10^{-3} N/m，如果在水中加入某种表面活性剂，可使其表面张力减小为 30×10^{-3} N/m。减缩剂一方面可利用自身的表面活性降低水的表面张力，另一方面可增大液体的黏度，引起接触角 θ 增大，这两个方面都会使毛细管张力减小，从而达到减小混凝土干缩变形的目的。国外的某些研究结果还表明，减缩剂不但能减小混凝土的干缩变形，还能显著减小混凝土的塑性收缩变形和早期自收缩变形。

（2）减缩剂对混凝土性能的影响[26-35]

① 干缩。大量试验证实，减缩剂的掺入对混凝土或水泥砂浆的重量无明显影响，但却能明显地减小混凝土或砂浆的干缩变形。其减小干缩变形的幅度，早期比较显著，可达到 70% 或者更大。但随着时间的延长，减缩率逐渐减小，通常在 28 天的减缩率为 30%～60%。

② 强度。减缩剂一般不具有减水作用。很多研究表明，在混凝土或水泥砂浆中掺入减缩剂之后，其抗压、抗折强度会有所降低，最多可降低 20% 左右。

③ 冻融循环。采用尺寸为 100mm×100mm×400mm 的水泥砂浆试件，按照标准 ASTMC666 进行抗冻性能试验测试，对试件在不同龄期的相对动弹性系数和质量变化进行测试。试验结果证实，减缩剂的掺入能够使试件经多次冻融循环后的质量减少率适当降低，在一定程度上增强了试件的抗冻融性。

④ 表面涂抹减缩剂。除了可以把减缩剂掺入混凝土内使用之外，还可把它当作表面剂涂抹在试件外表面，这样也可以明显减小试件的干缩变形。在减小试件干缩方面，表面涂抹和掺入这两种使用方法效果基本相同，但前者可使减缩剂的用量减小，节约成本。

5.2.4 减缩剂调配试验设计

考虑到减缩剂大都具有表面活性的特点，笔者在对国内外很多减缩剂的化学成分进行了认真的调查和分析研究之后，确定选取聚乙烯醇、叔丁醇和三乙醇胺这三种化学物质对其进行试验研究，随后进行了大量的试验工作，其中包括测定不同浓度溶液表面张力的试验、测定砂浆试件干缩应变的试验、测定砂浆试件不同养护龄期强度的试验。最后在进行试验数据处理和分析时，笔者把某种物质作为理想混凝土减缩剂的确定标准是：无毒无害，经济价廉；通过掺入适量该化学物质，可以达到显著减少试件干燥收缩变形的目的；掺入这种化学物质后，不降低或很少降低砂浆试件的强度；另外，对砂浆试件的其他各方面性能又不会造成过大的影响。

（1）测定不同浓度溶液表面张力的试验

试验材料：

聚乙烯醇、三乙醇胺、叔丁醇和蒸馏水等。

试验器具和设备：

DP-AW 型精密数字压力计、表面张力测定管、毛细管、烧杯、温度计、恒温水槽、量筒、试管和玻璃棒等。

试验原理：

最大泡压法。

试验程序和操作步骤：

① 调节温度计，使其屏幕显示为 25℃，再加热恒温水槽内的水，直到水温为 25℃。测定并记录温度为 25℃的蒸馏水的压力差读数 $\Delta P_{0,\max}$。

② 根据相同的操作方法，分别测定和记录所配不同浓度的叔丁醇、聚乙烯醇和三乙醇胺溶液在同一温度 25℃下的压力差读数 $\Delta P_{\max}$。

③ 分别计算各溶液在 25℃时的表面张力。根据公式 $\sigma = \dfrac{\Delta P_{\max}}{\Delta P_{0,\max}} \sigma_0$ 分别计算在当前温度下这三种溶液不同浓度时的表面张力 σ，式中 σ_0 为 25℃时纯水的表面张力，其量值约为 71.79 mN/m。

④ 整理和分析试验数据，描绘出液体表面张力 σ 和浓度 c 之间的关系曲线。

试验数据整理和分析处理结果如表 5-7～表 5-9 所示。本次试验过程中拍摄的图片如图 5-12 所示。

从图 5-13 可看出，试验所选取的这三种化学物质都拥有相当大的表面活性，并能在很大程度上减小液体表面张力。试验结果说明，随着各溶液浓度的增大，其表面张力逐渐减小。通过比较分析发现，聚乙烯醇和叔丁醇能更有效地减小液体表面张力，三乙醇胺稍微次之。

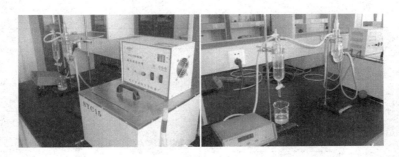

图 5-12　采用 DP-AW 数字压力计测量溶液表面张力

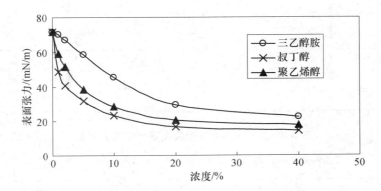

图 5-13　表面张力随溶液浓度的变化曲线

表 5-7　三乙醇胺水溶液表面张力计算汇总表

（三乙醇胺水溶液表面张力计算，$\sigma_0 = 71.79\text{mN/m}$，$\sigma = \dfrac{\Delta P_{max}}{\Delta P_{0,max}}\sigma_0$）

浓度 $c/\%$	压力差读数/kPa	压力差平均值/kPa	表面张力 $\sigma/\ (\text{mN/m})$
0	1.320	$\Delta P_{0,max} = 1.320$	71.79
	1.316		
	1.324		
0.5	1.302	$\Delta P_{max} = 1.303$	70.85
	1.298		
	1.308		
1	1.288	$\Delta P_{max} = 1.286$	69.96
	1.282		
	1.289		
2	1.227	$\Delta P_{max} = 1.227$	66.73
	1.224		
	1.230		
5	1.072	$\Delta P_{max} = 1.071$	58.25
	1.073		
	1.068		

浓度 $c/\%$	压力差读数/kPa	压力差平均值/kPa	表面张力 $\sigma/$ (mN/m)
10	0.831	$\Delta P_{max}=0.836$	45.45
	0.840		
	0.836		
20	0.544	$\Delta P_{max}=0.544$	29.59
	0.546		
	0.542		
30	0.490	$\Delta P_{max}=0.503$	27.36
	0.511		
	0.507		
40	0.409	$\Delta P_{max}=0.412$	22.41
	0.412		
	0.415		

表 5-8　聚乙烯醇水溶液表面张力计算汇总表

$$\left(聚乙烯醇水溶液表面张力计算，\sigma_0=71.79\text{mN/m}，\sigma=\frac{\Delta P_{max}}{\Delta P_{0,max}}\sigma_0\right)$$

浓度 $c/\%$	压力差读数/kPa	压力差平均值/kPa	表面张力 $\sigma/$ (mN/m)
0	1.320	$\Delta P_{0,max}=1.320$	71.79
	1.316		
	1.324		
0.5	1.174	$\Delta P_{max}=1.173$	63.80
	1.168		
	1.177		
1	1.086	$\Delta P_{max}=1.082$	58.85
	1.079		
	1.081		
2	0.942	$\Delta P_{max}=0.949$	51.63
	0.951		
	0.955		
5	0.707	$\Delta P_{max}=0.706$	38.40
	0.712		
	0.699		
10	0.525	$\Delta P_{max}=0.523$	28.44
	0.518		
	0.526		

浓度 $c/\%$	压力差读数/kPa	压力差平均值/kPa	表面张力 $\sigma/$ (mN/m)
20	0.380	$\Delta P_{max}=0.375$	20.39
	0.377		
	0.368		
30	0.337	$\Delta P_{max}=0.331$	18.02
	0.329		
	0.328		
40	0.325	$\Delta P_{max}=0.325$	17.68
	0.330		
	0.320		

表 5-9　叔丁醇水溶液表面张力计算汇总表

$$\left(\text{叔丁醇水溶液表面张力计算，} \sigma_0=71.79\text{mN/m，} \sigma=\frac{\Delta P_{max}}{\Delta P_{0,max}}\sigma_0\right)$$

浓度 $c/\%$	压力差读数/kPa	压力差平均值/kPa	表面张力 $\sigma/$ (mN/m)
0	1.320	$\Delta P_{0,max}=1.320$	71.79
	1.316		
	1.324		
0.5	1.116	$\Delta P_{max}=1.117$	60.73
	1.121		
	1.113		
1	0.892	$\Delta P_{max}=0.895$	48.69
	0.888		
	0.906		
2	0.741	$\Delta P_{max}=0.749$	40.72
	0.750		
	0.755		
5	0.589	$\Delta P_{max}=0.584$	31.76
	0.590		
	0.573		
10	0.432	$\Delta P_{max}=0.431$	23.44
	0.431		
	0.430		
20	0.313	$\Delta P_{max}=0.309$	16.81
	0.311		
	0.303		

续表

浓度 $c/\%$	压力差读数/kPa	压力差平均值/kPa	表面张力 $\sigma/$（mN/m）
30	0.290	$\Delta P_{max}=0.291$	15.81
	0.287		
	0.295		
40	0.266	$\Delta P_{max}=0.265$	14.41
	0.271		
	0.259		

（2）测定砂浆试件干缩应变的试验[36]

试验材料：

河南平顶山姚电水泥有限公司生产的可利尔牌 42.5 级普通硅酸盐水泥；中国 ISO 标准砂，从粗细程度上说该砂属于中砂；化学试剂有聚乙烯醇、三乙醇胺和叔丁醇等。

水泥砂浆试件试验配合比：

水泥和砂质量比是 1∶3，水灰比 W/C 是 0.5，掺入化学物质的质量是水泥质量的 1.7%。

试验器具和设备：

带孔试模若干个，每个试模尺寸为 4cm×4cm×16cm；测量精度为 0.01mm 的立式收缩仪一台；由黄铜制成的收缩头若干个；感量为 0.2g 的电子天平一台等。

试验程序和操作步骤：

① 在试模相应的孔洞内按要求埋置收缩头，根据前面提到的计算配合比制造水泥砂浆试件（共四组，每组三块，每块尺寸均为 4cm×4cm×16cm，其中一组试块在制作时没有加入化学试剂，而其他三组试块在制作时分别加入了一定量的三乙醇胺、叔丁醇和聚乙烯醇）。

② 经过 24h 后，把试模除去，在试件侧面标注分类号和测试方向，然后把试件置于 20℃的水中继续养护。

③ 经过 6d 后，把试件从水中拿出，并用干布把试件表面的水分擦干，用标准杆对试件上收缩头的百分表原点进行调整，随后根据事先标注好的箭头方向进行试件的初始长度测试，并准确记录下百分表的初始读数 b_{0i}（i 代表试件编号）。

④ 测试完毕后，把砂浆试块放置在标准养护室内继续养护，标养室内温度为（20±3）℃，相对湿度为（45±5）%。

⑤ 经过 1d、3d、5d、7d、10d、14d、20d、28d 后，试件长度由于干缩会发生一定程度的变化，根据相同的原理和步骤对试件的长度进行测试，并认真记录每次测试所得的百分表读数 b_{ki}（k 代表试块在标准养护室内养护的总天数）。

⑥ 对测试数据进行整理和分析，根据公式 $\varepsilon_{ki}=\dfrac{b_{0i}-b_{ki}}{160}\times100\%$ 计算试件的干缩应变 ε_{ki}，并对试验测试结果进行比较，分析研究各种化学试剂的掺入对水泥砂浆试件干缩应变的影响情况。

基于原始测试数据可分别计算出四组砂浆试块在每个养护龄期的干缩应变，其具体计算结果如表 5-10 所示。

为了更加直观地说明问题，根据计算结果可绘制出变化曲线如图 5-14 所示。从该曲线图可以清晰地看出每组试件的干缩应变随时间变化的情况，也可以清楚地看出同一测试龄期不同组试件的干缩应变变化情况。通过试验分析可以确定所选各化学试剂均具有减小水泥砂浆试件干燥收缩的作用，但减缩能力或大或小、各不相等，聚乙烯醇、叔丁醇和三乙醇胺在 3d 时的减缩率分别是 45.2％、51.8％ 和 29.8％；聚乙烯醇、叔丁醇和三乙醇胺在 28d 时的减缩率分别是 26％、31.2％ 和 13％。很明显，聚乙烯醇和叔丁醇的减缩能力更强，这和前面试验（测定不同浓度溶液表面张力的试验）所得的结论"聚乙烯醇和叔丁醇能更多地减小液体表面张力"一致。在本次试验过程中所拍摄的图片如图 5-15 和图 5-16 所示。

表 5-10　砂浆干缩应变试验计算值汇总表

龄期/d	试件干缩应变/（×10⁻⁶）			
	所掺化学试剂			
	无	三乙醇胺	叔丁醇	聚乙烯醇
1	85	58	38	45
3	228	160	110	125
5	416	308	229	248
7	453	346	260	279
10	573	453	348	372
14	661	547	429	457
20	797	669	523	563
28	866	753	596	641

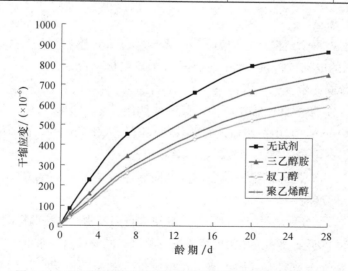

图 5-14　所配制砂浆试件的干缩应变随养护龄期的变化曲线

图 5-15　制作尺寸为 4cm×4cm×16cm 的砂浆试块

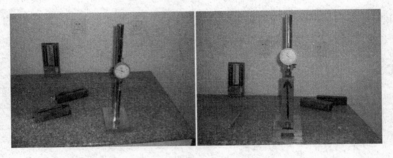

图 5-16　利用立式收缩仪测量砂浆试块的干燥收缩应变

（3）测定砂浆试件不同养护龄期强度的试验

试验材料：

河南平顶山姚电水泥有限公司生产的可利尔牌 42.5 级普通硅酸盐水泥；中国 ISO 标准砂，从粗细程度上说该砂属于中砂；化学试剂有三乙醇胺、叔丁醇和聚乙烯醇等。

水泥砂浆试件试验配合比：

水泥和砂质量比是 1：3，水灰比 W/C 是 0.5，掺入化学物质的质量是水泥质量的 1.7%。

试验器具和设备：

试模若干个，每个试模尺寸均为 4cm×4cm×16cm；感量为 0.2g 的电子天平一台；测量精度为 1% 的电动抗折仪一台；液压式压力试验机一台等。

试验程序和操作步骤：

① 依据水泥砂浆配合比制作试件，共制作四组，各组均有六块，每个试块尺寸都是 4cm×4cm×16cm，其中一组试块在制作时没有加入化学试剂，而其他三组试块在制作时分别加入了一定量的三乙醇胺、叔丁醇和聚乙烯醇。

② 经过 24h 后，把试模除去，在试件侧面标注分类号和测试方向，然后把试件置于 20℃ 的水中继续养护。

③ 经过 2d 后，分别从每组试件中拿出 3 块进行强度测试，按照标准试验操作规程的要求对试件的 3d 抗折强度和抗压强度依次进行测试，同时认真记录下每次测试所得数据。

④ 试件在标养室放置 27d 后，取出每组试件中剩余的试块，按照标准试验操作规程的要求对试件的 28d 抗折强度和抗压强度依次进行测试，同时认真记录下每次测试

所得数据。

⑤ 对试验数据进行整理和分析，并对试验测试结果进行比较，分析研究各种化学试剂的掺入对水泥砂浆试件强度的影响情况。

对试验测试数据进行后处理，表 5-11 详细列出了每组试件在 3d、28d 的抗折强度和抗压强度测试结果。从该表中所列数据得知，每种化学试剂的掺入均在一定程度上减小了砂浆试块的抗压强度和抗折强度。其中，掺入三乙醇胺和叔丁醇使强度减小的程度相对比较低；而聚乙烯醇的掺入对强度影响比较大，很明显地减小了砂浆试块的强度，分析造成这一结果的原因，笔者认为可能是因为在制作砂浆试件时，当把一定量的聚乙烯醇这种化学试剂加入后，在溶解和搅拌过程中生成很多气泡，致使砂浆新拌混合物呈棉絮状并且黏度明显增大，结果引起砂浆强度大大减小。综合两次试验（测定砂浆试件干缩应变的试验和测定砂浆试件不同养护龄期强度的试验）的测试结果，最后确定叔丁醇这种试剂做为混凝土减缩剂使用比较理想。在工程中具体应用时，掺入化学试剂叔丁醇的质量为水泥质量的 1‰～3‰ 比较合适。本次试验过程中拍摄的图片如图 5-17 所示。

表 5-11 砂浆试件试验所测强度一览表

龄期/d	强度/MPa	所掺化学试剂			
		无	三乙醇胺	叔丁醇	聚乙烯醇
3	抗折	5.17	5.43	4.17	3.51
	抗压	20.7	17.7	15.5	9.8
28	抗折	10.64	10.67	10.46	10.33
	抗压	39.1	35.9	39.0	28.8

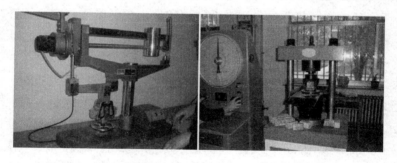

图 5-17 测量砂浆试块的抗折强度（左）和抗压强度（右）

5.3 纤维混凝土抗裂

5.3.1 混凝土的性能

混凝土是一种弹塑性的三相非均质材料，具有明显的脆性，导热性能比较差，是热的不良导体。随着混凝土强度的提高，其脆性表现得更加明显，混凝土抗压强度远高于其抗拉强度，一般抗拉强度是其抗压强度的 $1/10 \sim 1/20$，极限拉应变和剪切应变都很小，所以很容易发生开裂，随着低水胶比高强高性能混凝土在工程中的广泛应用，裂缝问题越来越严重，从而制约和阻碍了高强混凝土的使用和发展。据不完全统计，我国每年都要动用几百亿元用来对堤坝、桥梁、隧道等水利和公路建筑进行加固维修，维修的原因主要就是因为混凝土裂缝造成建筑物外墙渗漏等病害从而影响了结构的正常使用。在过去，人们经常认为混凝土内有这样那样的细微裂缝是正常的，是不会影响到结构的安全使用的，无需太在意。但现如今，随着混凝土的广泛应用，人们对这种材料的耐久性提出了更高的要求。随着高强度等级的混凝土在高层、超高层建筑中的大量应用，如何对裂缝进行防治成为了人们竞相研究的热点问题。人们可以通过采取增大构件截面尺寸等设计办法来对外荷载所引起的结构性裂缝进行控制，但是如何应对更常见的非结构性裂缝一直是个难题。混凝土裂缝的绝大部分是由干缩、温缩、化学收缩等内外因素综合作用所产生的微观裂缝，这些微观裂缝的存在虽然不会影响到结构的使用，但会破坏结构的整体性，同时也会降低结构的耐久性[37-41]。

1965 年，Goldfein[38]建议在混凝土中掺入聚丙烯纤维，以此来建造美军工兵部队的防爆建筑，获得了比较好的防裂效果。从此之后，纤维混凝土开始受到了全世界各国的关注，在工程中被越来越多的建造商使用，人们对纤维混凝土的研究也越来越深入。

5.3.2　纤维性能

（1）纤维分类

可以按照纤维和水泥基体弹性模量之间的大小关系，把纤维分成柔性纤维（前者弹性模量小于后者，如尼龙纤维、纤维素纤维和聚丙烯纤维等）和刚性纤维（前者弹性模量大于后者，如玻璃纤维、石棉纤维、碳纤维和钢纤维等）两种，纤维的具体性能如表 5-12 所示。

（2）两类纤维的比较

① 柔性纤维。柔性纤维抗折强度高，在外力作用下不容易断裂，在混凝土拌和或施工中不会磨损机械设备，徐变变形比较明显，在长时间高应力作用下会产生明显的伸长，多用于要求基体不能开裂或会产生瞬时应力的场所。在混凝土中掺入柔性纤维可以增强材料的冲击韧性，还可以起到防裂防渗的作用，施工起来比较方便。

表 5-12　几种主要纤维的物理力学性能

纤维名称	相对密度	抗拉强度/MPa	弹性模量（10^4）/MPa	泊松比	极限延伸率/%
聚丙烯单丝	0.91	400～650	0.5～0.7	—	18
尼龙纤维	1.10	665.8～1331.5	2.2～6.6	—	15～25
石棉纤维	2.60	500～1800	15.0～17.0	2.0～3.0	
碳纤维	1.99	1400～2100	38.5～45.5	0.20～0.40	0.4
不锈钢纤维	7.80	2100	15.4～16.8	—	3.0
玻璃纤维	2.70	1400～2500	7.0～8.0	0.22	2.0～3.5

② 刚性纤维。柔性纤维主要用来提高混凝土与韧性相关的物理性能，比如抗冲击性能、抗热爆性能等。而刚性纤维除了拥有上述性能之外，还可以明显地提高混凝土的抗拉强度和刚度。两类纤维使用场合不同，总的说来，柔性纤维的应用更加广泛。

钢纤维发展最早，但其应用领域却没有合成纤维广，主要原因是钢纤维容易发生锈蚀，成本比较高，并且在施工过程中会对设备产生较大磨损。玻璃纤维混凝土耐碱性低，并且在空气中暴露一段时间后，其强度和韧性都会有明显的降低，从而限制了它的使用。碳纤维作为一种新开发出来的高性能纤维，具有化学性能稳定、弹性模量和抗拉强度高等优点，但其生产成本高，不适合大规模推广应用。

纤维与基体界面之间的侧向拉应力主要受泊松比控制，如果拉应力超过纤维与基体之间的黏结强度，纤维就会被拔出来。在工程中使用时，柔性纤维以短纤维的形式在混凝土中形成三维乱向分布状态，从而可以避免纤维还没发挥作用就从混凝土中被拔出来；对于钢纤维、玻璃纤维等刚性纤维，也需要采取办法来增强它们和混凝土基体之间的机械黏结作用，否则就会因为黏结力太小而被过早地拔出。增强黏结力的办法主要有有：把钢纤维端部做成弯曲的形状，也可以采用变截面的形式；在使用之前，先把玻璃纤维放入水泥浆中进行浸泡。弹性模量高的刚性纤维对混凝土微裂缝的产生和扩展延伸可以起到抑制作用，同时还能提高混凝土结构的抗拉强度。

③ 纤维性能。纤维和基体的物理性能以及二者之间的黏结强度是控制纤维混凝土材料性能的主要因素。混凝土基体碱化产物对矿棉、玻璃纤维和大多数植物纤维会产生化学侵蚀，所以在使用时这些纤维对水泥基体都有低碱度的要求，以此来尽可能地延缓这种化学侵蚀作用，但此项要求在实际中是很难实现的。显然，混凝土的碱性环境对玻璃纤维和钢纤维的耐久性会产生影响。而合成纤维弹性模量低，其抗碱性和自分散性很强，对水泥基体无特殊要求，目前聚丙烯纤维受到工程界的广泛关注，应用比较普遍。聚丙烯纤维是一种低弹模柔性纤维，抗碱性能很强。在具体使用时，不需要对原有施工工艺和技术路线进行任何改变，应用起来非常方便。因此，本书对聚丙烯纤维混凝土的性能进行了深入研究和探讨，着重分析和探讨了聚丙烯纤维的抗裂机理及其在改善混凝土性能方面所发挥的作用。

5.3.3　聚丙烯纤维性能及作用

聚丙烯原材料是从单体 C_3H_6 中得到的，该聚合物分子具有原子空间排列规则、结晶度高的特点。在混凝土、砂浆中所采用的改性聚丙烯纤维的具体性能如表 5-13 所示。此种改性纤维在经过了特殊的表面处理之后性能得到显著的改善，若再对它进行稳定剂处理，可大大提高其抵抗紫外线辐射和氧化作用的能力，进而提高其抗老化能力，使它在建筑使用寿命内不至于过早老化破坏[39]。

表 5-13　聚丙烯纤维的物理力学性能

项目	特征参数
纤维类型	束状单丝
吸水性	无
相对密度	0.91
纤维长度/mm	3、5、8、15、19
熔点/℃	约160
燃点/℃	约580
导热性	极低
酸碱阻抗	高
抗拉强度/MPa	>400
弹性模量/GPa	>3.5
含湿度/%	<0.1
抗低温性	经−78℃试验检测纤维性能无变化
抗老化性	纤维经过了特殊的抗老化处理

（1）聚丙烯纤维的特点

① 改性聚丙烯纤维具有很强的化学稳定性，和大多数物质不会发生化学反应。它具有很强的抗腐蚀能力，对混凝土不会产生腐蚀的化学物质一般也不会对这种纤维造成腐蚀，若碰到腐蚀性强的化学物质，也经常是混凝土先发生破坏。

② 具有表面疏水性，水泥浆不会浸湿这种纤维。在进行搅拌作业时，被切断的纤维不会像黄麻那样成团。也就是说，该种纤维对水的需用量等于零。

③ 纤维的截面形状会对纤维和基体之间的黏结力产生一定的影响。目前在工程应用中，圆柱形和三叶形的截面比较常见。若取单位长度、直径为 $48\mu m$ 的纤维进行计算，会发现三叶形截面表面积更大，大约是圆柱形截面表面积的 1.286 倍，显然三叶形截面的纤维可以更好地增强纤维和基体之间的黏结力，这对防止纤维拔出很有帮助。

④水泥基体与纤维的弹性模量相比，其比值越低，在承受外荷载时纤维分担的应力就会越大，纤维的作用就会表现得更加显著。玻璃纤维、钢纤维等具有更高的弹性模量，所以其抗裂性能和聚丙烯纤维是不相同的。在工程实践中，往往对纤维产品会有很多不同的要求，主要表现在以下几个方面：

a. 高耐碱性。由于混凝土内部是呈碱性的，所以要求加入的纤维应该具有很强的耐碱性。聚丙烯纤维在这方面的性能明显比钢纤维、玻璃纤维和大多数植物纤维高。

b. 安全无害。要求掺入混凝土内的纤维不能对人体产生任何危害，在施工中不能影响到工人的身体健康。聚丙烯纤维是一种无毒、无害、安全环保的产品，在这一方面明显优于石棉纤维、矿棉、玻璃纤维等。

c. 良好的分散性，和基体之间的黏结强度高。改性聚丙烯纤维由于事先经过特殊的表面处理，所以无需再采取特殊的施工工艺，就能够均匀地分散在混凝土和砂浆中；三叶状截面的束状单丝和水泥基体之间具有良好的黏结力，从而降低了因黏结力过小而被拔出的概率。

d. 施工工艺比较简单，价格不是很高。在采用聚丙烯纤维时，不需要改变原来的材料配合比和施工工艺，也不需要增添别的设备；和钢纤维相比，聚丙烯纤维的性价比更高。

（2）改性聚丙烯纤维在混凝土中的作用原理

该纤维能够在混凝土和砂浆中均匀地分散开来，并形成良好的三维乱向分布状态，这有利于抑制在混凝土中产生、扩展和延伸各种微观裂缝（如温缩、化学收缩、干缩变形引起的裂缝），增强混凝土的柔韧性、整体性和连续性，这就在很大程度上改善了混凝土的抗裂性、抗渗性、冲击韧性和低温柔性等性能。混凝土内这种大量分散的短纤维可以抑制微裂缝的扩展和延伸，消耗内部应力，抗裂效果明显；由于混凝土内的微裂缝特别是连贯裂缝大大减少了，最终使得混凝土的密实度得到显著提高，混凝土的抗渗性能增强。聚丙烯纤维混凝土具有很强的抗冲击、抗爆性能（表5-13），这是因为在混凝土基体开裂过程中，纤维在逐渐脱离黏结、拉长和断裂时要消耗很大的能量。

5.3.4　改性聚丙烯纤维的工程应用

近年来，聚丙烯纤维在房屋建筑工程、港口水利工程、交通土建工程中都得到了应用，并取得了理想的效果，其社会、经济效益比较高。随着技术的进步，聚丙烯纤维的应用会越来越普遍。从目前来看，建筑中应用最多的是改性聚丙烯纤维。在混凝土中掺入聚丙烯纤维可以使混凝土各方面的性能（特别是抗裂性）得到明显的改善，要想更好地弄清纤维对混凝土性能的作用效果和作用机理，今后不但要从理论上和试验上开展大量研究工作，还要结合工程实践进行分析测试。

5.4　本章小结

本章对关于如何防止混凝土出现裂缝进行了深入研究和探讨，着重分析了减缩剂和纤维混凝土的抗裂机理和抗裂效果。通过开展一系列实验工作，提出了几种混凝土裂缝预防措施方面的建议：

①通过表面贴吸水性模板抗裂试验，提出在混凝土进行灌模浇筑时在试块表面粘贴上吸水性模板，可以从外在因素上提高混凝土的抗裂能力。

②通过液体表面张力试验、高强水泥胶砂干缩试验及砂浆强度试验，发现叔丁醇可以作为混凝土减缩剂使用，它能够明显减小混凝土的干缩和自收缩变形，同时对混凝土的强度影响不大，掺入适量该物质可以从内在材料因素上来提高混凝土的抗裂能力。

参考文献

[1] 黄士元. 混凝土早期裂纹的成因及防治 [J]. 混凝土, 2000 (7): 3-5.

[2] 李家和, 刘铁军. 高强混凝土收缩及补偿措施研究 [J]. 混凝土, 2000 (2): 28-30.

[3] Man Yop Han, Lytton R L. Theoretical prediction of drying shrinkage of concrete [J]. Journal of Materials in Civil Engineering, 1995, 7 (4): 204-207.

[4] Benthia N, Y an C. Shrinkage cracking in poly olefin fiber-reinforced concrete [J]. ACI Materials Journal, 2000, 97 (4): 432-437.

[5] 王铁梦. 建筑物的裂缝控制 [M]. 上海: 上海科学技术出版社, 1987: 17-34.

[6] 朱清江. 高强高性能混凝土研制及应用 [M]. 北京: 中国建材工业出版社, 1999.

[7] 吴中伟, 廉慧珍. 高性能混凝土 [M]. 北京: 中国铁道出版社, 1999.

[8] 富文权, 韩素芳. 混凝土工程裂缝分析与控制 [M]. 北京: 中国铁道出版社, 2003.

[9] 黄政宇. 土木工程材料 [M]. 北京: 高等教育出版社, 2002.

[10] 朱伯芳. 大体积混凝土温度应力与温度控制 [M]. 北京: 中国电力出版社, 1999: 298-305.

[11] Mak SL, Hynes JP. Creep and shrinkage of U Itra high-strength concrete subjected to high hydration temperature [J]. Cement and Concrete Research, 1995, 25 (8): 1791-1802.

[12] 谭克锋. 高性能混凝土的自收缩性能研究 [J]. 建筑科学, 2002, 12 (6): 37-41.

[13] Lars Kraft, Ha. kan Engqvist, Leif Hermansson. Early-age deformation, drying shrinkage and thermal dilation in a new type of dental restorative material based on calcium aluminate cement [J]. Cement and Concrete Research, 2005 (35): 439-446.

[14] Effect of restraint, volume, and reinforcement on cracking of massive concrete. ACI207. 2R-73 (80).

[15] Z. P. Bazant, et al. Creep and shrinkage in concrete structure [M]. John Wiley & Sons, 1982.

[16] Control of cracking in concrete structures [S]. ACI224R-80.

[17] 蒋元驹, 韩素芳. 混凝土工程病害与修补加固 [M]. 北京: 海洋出版社, 1996.

[18] 韩素芳, 耿维恕. 钢筋混凝土结构裂缝控制指南 [M]. 北京: 化学工业出版社, 2004.

[19] 刘崇熙, 文梓芸. 混凝土碱-骨料反应 [M]. 广州: 华南理工大学出版社, 1995.

[20] L. H. Tuthill. Alkali-Silica Reaction-40 years later [C]. Con. Inter., 1982, (4).

[21] Royw. Carlson, et al. Causes and control of cracking in unreinforced mass concrete. ACI. J., 1979, (7).

[22] 吕联亚. 混凝土裂缝的成因和治理 [J]. 混凝土, 1999, (5): 43-48.

[23] R. W. Cannon. Controlling Cracks in Power Plant Structures [C]. Con. Int., 1985, (5).

[24] 高越美. 混凝土裂缝解析与防治 [J]. 青岛大学学报, 2002, (2): 97-98.

[25] 赵文军, 曹志勇. 干缩对混凝土结构的影响及防治措施 [J]. 黑龙江水专学报, 2003, 12 (4): 105-106.

[26] 肖瑞敏, 张雄、乐嘉麟. 胶凝材料对混凝土干缩影响的研究 [J]. 混凝土与水泥制品, 2002, 10 (5): 11-13.

[27] 鞠丽艳. 混凝土裂缝抑制措施研究进展 [J]. 混凝土, 2002.

[28] 陈路, 李凤云. 混凝土裂缝的预防与处理 [J]. 中国水利, 2003.

[29] 王正武，李干佑，张笑一，等．表面活性剂降解研究进展［J］．日用化学工业，2001，31（5）．

[30] 邵正明，张超，仲晓材，等．国外减缩剂技术的发展与应用［J］．混凝土，2000，132（10）：60-63.

[31] 雷爱中，陈改新，王秀军，等．减缩剂的性能研究［J］．水力发电学报，2005，24（4）：16-20.

[32] 卞荣兵．混凝土减缩剂的合成和试验［J］．化学建材，2002，20（5）：43-46.

[33] 杨医博，高玉平，文梓芸．混凝土减缩剂研究进展［J］．化学建材，2002，（6）：16-19.

[34] 钱晓倩，詹树林，孟涛，等．减缩剂、膨胀剂与混凝土的抗裂性［J］．混凝土与水泥制品，2005，（1）：22-24.

[35] Folliard KJ, Berke NS. Properties of high-performance concrete containing shrinkage-reducing admixture［J］. Cement and Concrete Research，1997，27（9）：1357-1364.

[36] 李悦，霍达，王晓琳，等．新型混凝土减缩剂的研究（Ⅰ）：水泥胶砂试验［J］．武汉理工大学学报，2003，25（11）：22-24.

[37] 陈润锋，张国防，顾国芳．我国合成纤维混凝土研究与应用现状［J］．建筑材料学报，2001，4（2）：167-173.

[38] 汉南特 DJ．纤维水泥与纤维混凝土［M］．鲁建业，译．北京：中国建筑工业出版社，1986：15-18.

[39] 朱江．聚丙烯纤维混凝土的防水性能及其应用［J］．新型建筑材料，2000，（2）：38-39.

[40] 姚武，马一平，谈慕华，等．聚丙烯纤维水泥基复合材料物理力学性能研究（Ⅱ）：力学性能［J］．建筑材料学报，2000，3（3）：235-238.

[41] 李光伟．混凝土抗裂能力的评价［J］．水利水电科技进展，2001，21（2）：33-36.

6 淅川3标刁河渡槽工程综合防裂研究

6.1 工程背景

6.1.1 工程简介

南水北调中线一期工程淅川段刁河渡槽位于河南省邓州市九龙乡姚营村南500m的河段上。槽身段全长为350m，跨径布置为30m+8×40m简支开口箱型渡槽，采用双线双槽布置形式。单槽顶部全宽为15m，底部全宽为15.1m，单槽净宽为13.0m，两槽间内壁间距为5.0m，两槽之间加盖人行道板。双线渡槽全宽顶宽为33m，底宽为33.5m，结构示意图如图6-1所示，刁河渡槽施工如图6-2所示。

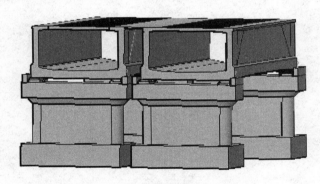

图6-1 刁河渡槽单跨双幅槽身结构示意图

南水北调中线一期干线工程为Ⅰ等工程，输水建筑物为1级建筑物。刁河渡槽为输水工程的一部分，其主要建筑物为1级，次要建筑物为3级。渡槽设计总长度为660m，包括进口渠道段、进口渐变段、进口节制闸、进口连接段、槽身段、出口连接段、出口闸室段和出口渐变段。刁河渡槽设计流量为350m³/s，加大流量为420m³/s。刁河槽身段设计起点桩号为K14+666.100，终点桩号为K15+016.100，槽身段全长为350.0m。

6.1.2 槽身段产生裂缝情况

槽身段拆模后，第4、5、6跨槽身侧墙陆续产生了裂缝。经过超声波检测得到如下的裂缝资料：

图 6-2　刁河渡槽施工照片

第 4 跨槽身左幅左侧外墙产生裂缝为 12 条，左幅左侧内墙产生裂缝为 11 条；左幅右侧外墙产生裂缝为 11 条，左幅右侧内墙产生裂缝为 9 条。裂缝长度最小值为 0.6m，最大值为 3.1m。

第 4 跨槽身右幅左侧外墙产生裂缝为 11 条，右幅左侧内墙产生裂缝为 13 条；右幅右侧外墙产生裂缝为 14 条，右幅右侧内墙产生裂缝为 17 条。裂缝长度最小值为 0.6m，最大值为 2.6m。

第 5 跨槽身左幅左侧外墙产生裂缝为 19 条，左幅左侧内墙产生裂缝为 13 条；左幅右侧外墙产生裂缝为 17 条，左幅右侧内墙产生裂缝为 11 条。裂缝长度最小值为 0.7m，最大值为 4.0m；宽度最小值为 0.1mm，最大值为 0.2mm；深度最小值为 10cm，最大值为 25cm。

第 5 跨槽身右幅左侧外墙产生裂缝为 12 条，右幅左侧内墙产生裂缝为 9 条；右幅右侧外墙产生裂缝为 9 条，右幅右侧内墙产生裂缝为 7 条。裂缝长度最小值为 0.8m，最大值为 3.5m。

第 6 跨槽身左幅左侧外墙产生裂缝为 11 条，左幅左侧内墙产生裂缝为 12 条；左幅右侧外墙产生裂缝为 13 条，左幅右侧内墙产生裂缝为 11 条。裂缝长度最小值为 1.0m，最大值为 3.1m。

第 6 跨槽身右幅左侧外墙产生裂缝为 12 条，右幅左侧内墙产生裂缝为 1 条；右幅右侧外墙产生裂缝为 17 条，右幅右侧内墙产生裂缝为 1 条。裂缝长度最小值为 0.6m，最大值为 2.8m；宽度最小值为 0.1mm，最大值为 0.2mm；深度最小值为 6cm，最大值为 11cm。

根据上面裂缝检测结果，初步得出如下结论：

① 无贯穿裂缝。

② 第 4 跨左幅及第 6 跨右幅增设防裂钢筋网片后，裂缝数量有所减少，并且裂缝

深度、宽度及长度均有所变短。

③ 施工过程中正值 6 月高温季节，虽然施工中采取了一系列温控措施，裂缝有所减少，但仍不可避免。

6.1.3　裂缝产生原因初步分析

裂缝产生原因如下：

① 混凝土入仓及仓面温度较高[1-3]（平均达到 27℃），从而使混凝土内部温度进一步升高，导致裂缝产生。

② 混凝土浇筑仓面温度较高（6、7 月份达到 32℃），从而导致混凝土入仓温度进一步升高，使混凝土内部温度进一步升高，导致裂缝产生。

③ 槽身侧墙内循环冷却水管原设计为 2 进 2 出的方式，线路较长，所用降温水管为 PE 管，导热性慢，从而降温效果较慢。

④ 浇筑时间问题。原施工混凝土开仓时间为早 7：00，浇筑时间为 14 个小时，要经过一天中温度最高的中午时间，从而导致混凝土内部温度升高，可能对裂缝产生有一定影响。

⑤ 槽身侧墙拆模时间较晚且拆模施工过程持续时间较长，从而导致侧墙掩护时间不到位。

⑥ 养护问题。

⑦ 混凝土干燥收缩和自收缩变形影响。

6.2　研究目的和意义

刁河渡槽工程为南水北调工程的一个重要环节，其混凝土裂缝控制变得尤为重要。干缩应力和温度应力应该是造成该结构开裂的主要因素，前面几章已经对混凝土的干缩问题进行了重点研究，本章主要研究该结构的温度应力问题，然后综合这些研究成果，为该混凝土工程制订出一套裂缝综合治理方案。混凝土由水泥、粗细骨料和各种添加剂等多种材料组合而成，其热力学特性因水泥水化反应的进程而表现出不同的特点。由于材料的非均匀性，水化热的分布也不均匀。当某些部位因混凝土水化热造成的温度应力超过混凝土在此刻的抗拉强度时就会产生裂缝，引起工程质量问题。工程经验及理论研究表明混凝土裂缝的产生和发展不仅与材料强度、水泥水化固结过程、结构形式、尺寸等自身因素有关，还受浇筑温度、浇筑质量、拆模时间、环境温度及环境湿度等外界因素的影响[11-15]。

混凝土裂缝根据出现时间分为早期裂缝、后期裂缝两种。早期裂缝主要出现在浇筑初期 3～4d，主要受水泥种类的影响。由于水泥早期水化放热快、散热慢，内部温度在短时期内升高幅度大，外部混凝土由于散热快而温度相对较低。由于内外温差在混凝土内部产生压应力、表面产生拉应力。当混凝土表面因温差产生的拉应力超过混凝土在此刻的抗拉强度时就会产生裂缝，随着裂缝向深处的发展，最终将形成贯通裂缝。

当混凝土内部温度达到峰值后开始逐渐降低，当降到一定程度后早期的压应力转化为拉应力，随着温度的持续降低，温缩变形进一步增大，混凝土内的拉应力也越来越大。当由于温缩造成的拉应力超过混凝土的抗拉强度时裂缝就产生了。随着裂缝向表面的发展，最终将形成贯通裂缝，这种裂缝称为后期裂缝。

为了更好地指导生产，避免工程质量问题，需要结合实际施工过程，对大体积混凝土及裂缝需要严格控制的渡槽工程进行施工过程的水化热仿真分析，研究裂缝的机理及产生的原因。对采取保温、通水冷却、浇筑时间及拆模时间等防裂措施进行探讨，有针对性地提出行之有效的温控防裂方案和措施，提高工程质量。

6.3　温控防裂重点部位

刁河渡槽为水工薄壁混凝土结构，工程经验表明薄壁混凝土结构易在早期升温、后期降温阶段产生温度和收缩裂缝，特别是长体结构在其长度方向接近中间部位易出现"枣核形"的竖向倾斜裂缝如图6-3所示。

图6-3　"枣核形"
裂缝示意图

渡槽结构大都采用桩-承台联合基础，可有效地解决渡槽长大结构的不均匀沉降问题。承台为大体积混凝土结构，工程经验表明由于承台体积较大，在混凝土浇筑初期由于水泥的水化热造成内外温差较大，易使该类结构在表面产生裂缝。此类裂缝主要出现在内外温差较大的结构中部附近。虽然此类裂缝深度较浅，但如果不引起足够重视，后期随着温度的降低，表面裂缝将向深度发展，进而发展成为深度裂缝甚至贯通。

6.4　仿真研究

6.4.1　计算目的及研究内容

刁河渡槽采用的是C50高性能混凝土，早期发热速度快，发热量高。槽身底板、侧墙等薄壁构件，在浇筑初期容易出现较大的内外温差，如果此时再出现寒潮，极易导致表面产生的拉应力超过混凝土的抗拉强度，产生"由外而内"的贯通裂缝。渡槽工程一般采取两层浇筑的施工工艺，下层混凝土浇筑完毕需经过一段间歇期后再浇筑上层混凝土。这样就存在上下层新老浇筑混凝土的相互作用，上层新浇混凝土由于温度变化而产生变形时将受到下层老混凝土的约束，当新老混凝土之间的抗力小于因变形而产生的内力时就会产生贯通性的裂缝。

无论表面裂缝还是贯穿性裂缝，都将会对渡槽结构的抗渗性、耐久性以及整体性和安全性造成很大的影响。

本次仿真[7]主要分析不同月份施工时，渡槽结构随着龄期的增长典型位置温度场及温度应力的分布特点及规律；旨在优选不同月份施工时渡槽结构的温控方案及措施，达到在施工期间能够有效防裂的目的。

6.4.2　计算模型

本文借助于大型有限元分析软件 MIDAS/CIVIL 对该渡槽结构进行施工过程的水化热仿真分析。模型采用三维实体单元，建立一跨渡槽（跨径为 40m）的整体模型，共计划分 10522 个单元，15731 个结点，有限元分析模型如图 6-4 所示。根据聚乙烯苯保温板和空气导热系数的不同，相应改变计算模型的表面对流边界条件，以此来模拟钢模外苯板对混凝土的保温作用；利用该软件的管冷功能来模拟渡槽侧墙和底板内冷水管的散热作用。

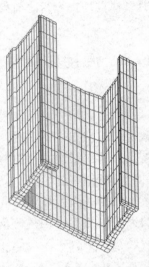

按照先计算施工过程中水化热引起的结构中温度场的分布，再将所计算的温度场作为荷载施加到结构中计算因温度产生的结构内力。温度场仿真分析时：侧墙及底板通过模板与空气接触，顶面直接与空气接触；边界上存在与空气的热对流，属于热分析中的第三类边界条件，对流边界条件作为面荷载施加于实体的表面；在应力场计算时，考虑到槽身混凝土底面采用满堂支架施工，在渡槽底面增加 Y 轴方向的约束。

图 6-4　刁河渡槽结构
有限元分析模型

6.4.3　计算参数及工况

按照施工的常规方案，单跨渡槽先浇筑底板混凝土，至侧墙"八"字墙以上 60cm 左右的高度，间歇 10d 后再浇筑上层所有混凝土。表 6-1 为刁河渡槽工程所在的流域内乡气象站实测气象资料，流域内全年盛行的风向为 NE。结合气象资料，渡槽工程的可施工期为每年的 3 月—11 月。

计算参数如表 6-2～表 6-8 所示。徐变参数参考类似工程资料，其他所需参数均来自中国水科院《南水北调中线干线工程刁河渡槽混凝土热力学参数性能试验报告》。

混凝土的徐变度采用如下公式：

$$C(t, \tau) = \left(a_1 + \frac{a_2}{t_0}\right)\left[1 - e^{-c_1(t-t_0)}\right] + \left(b_1 + \frac{b_2}{t_0}\right)\left[1 - e^{-c_2(t-t_0)}\right] \tag{6-1}$$

表 6-1 多年平均气象资料

项目	1月	2月	3月	4月	5月	6月	7月	8月	9月	10月	11月	12月	年
多年平均气温/℃	1.5	3.5	8.9	15.1	20.8	26.0	27.4	26.6	21.4	16.1	9.5	3.4	15.0
极端最高气温/℃	21.3	23.9	28.5	32.9	37.2	42.1	41.2	40.2	36.7	33.7	27.1	22.4	42.1
极端最低气温/℃	−14.4	−14.3	−6	−3.9	5.1	12.8	16.4	14.5	7.2	−1.6	−6.7	−11.4	−14.4
多年平均地温/℃	2.5	5.1	11.0	18.4	24.9	30.2	31.5	31.1	24.4	18.1	10.6	4.1	17.7
多年平均风速/（m/s）	1.8	2.0	2.2	2.1	1.9	2.3	2.0	1.7	1.5	1.5	1.6	1.7	1.9
最大风速/（m/s）	11.0	12.7	15	12.7	15.0	15.0	15.0	19.0	9.0	13.0	12.0	12.0	19.0

表 6-2 混凝土材料热学参数统计表

配合比编号	强度等级	比热/[kJ/(kg·℃)]	导温系数/（m²/h）	热膨胀系数/（10^{-6}/℃）
MH30-20	$C_{90}50F200W8$	0.96	0.00274	7.43

表 6-3 混凝土材料弹性模量公式

强度等级	弹性模量/GPa
$C_{90}50F200W8$	$44.99 \times (1 - e^{-0.9079t^{0.3054}})$

表 6-4 混凝土材料绝热温升公式

强度等级	绝热温升/℃（0.5d<t<4d）	绝热温升/℃（$t \geq 4d$）
$C_{90}50F200W8$	$T = 58.1t/(t+0.552)$	$T = 51.0t/(t+0.046)$

表 6-5 混凝土徐变度参数统计表

强度等级	徐变度参数					
	a_1	a_2	b_1	b_2	c_1	c_2
$C_{90}50F200W8$	3.48	49.11	12.85	17.22	0.3	0.005

表 6-6 保温材料特性

材料	导热系数/[W/(m·K)]
聚乙烯苯泡沫板	0.039

表 6-7 刁河渡槽槽身混凝土不同龄期允许抗拉强度

龄期/d	1	3	7	14	28	90	180
允许抗拉强度/MPa	1.00	1.70	2.70	2.99	3.35	3.80	3.90

表 6-8 冷却水管特性表

材料	管外径/mm	管内径/mm	通水流量/（m³/h）
铁管	43	40	4.8

6.4.4 典型点分布

渡槽不同部位混凝土的内外温度及应力是不同的。对于工程质量而言，只要最不利的部位能够满足要求，其他部位一定也满足质量要求。为了了解槽体结构温度随龄期发展的变化规律，选取了具有代表性的位置点（典型点）绘制其施工期温度及应力变化过程线。通过典型点的结果分析即可有效地总结整个结构不同部位混凝土的温度及应力变化规律。过程线整理选取有代表性的 4 个关键部位 8 个节点，渡槽结构底板中部、侧墙最薄部位、侧墙新老混凝土交界处、侧墙与底板衔接处受温度应力影响比较明显，最容易开裂，选取它们为分析研究的关键部位，在每个关键部位表面和内部各选取一个典型点，其分布如图 6-5 所示。

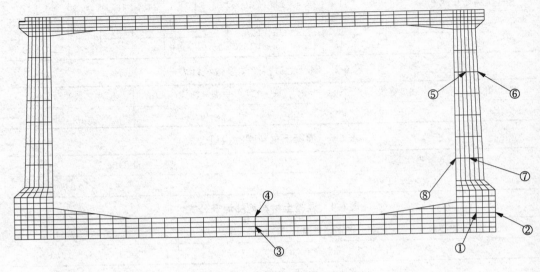

图 6-5　垂直 z 轴剖面图

6.4.5　不同月份浇筑的渡槽混凝土温度及应力分析

仿真分析主要计算了可持续施工较长的工期段：3 月—11 月，按月进行计算。单跨渡槽在每月的 1 号开始浇筑，浇筑完成下层混凝土后，间歇 10d 再浇筑上层混凝土，两层混凝土浇筑温度均取旬平均气温。3 月份（施工温度最低）和 6 月份（施工温度最高）对不采用任何防裂措施和采用外贴苯板、侧墙底板通冷水管等防裂措施的两种施工方案进行分析对比。其余月份仅对采用外贴苯板、侧墙底板通冷水管防裂措施的施工方案进行了计算。渡槽混凝土浇筑后一些特殊时刻中间断面的温度分布如图 6-6～图 6-11 所示，不同月份典型点温度及应力变化曲线如图 6-12～图 6-22 所示，不同月份典型点温度及应力特征值如表 6-9～表 6-19 所示。

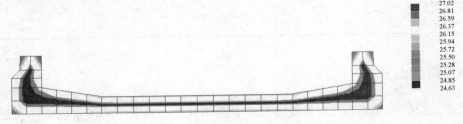

图 6-6　下层混凝土浇筑后 4.8h 时中间断面温度分布云图

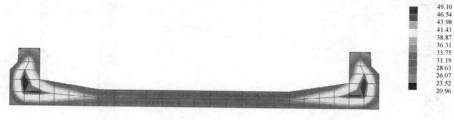

图 6-7　下层混凝土浇筑后 72h 时中间断面温度分布云图

图 6-8　下层混凝土浇筑后 240h 时中间断面温度分布云图

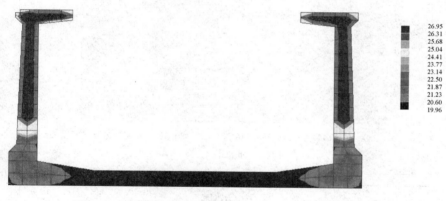

图 6-9　上层混凝土浇筑后 4.8h 时中间断面温度分布云图

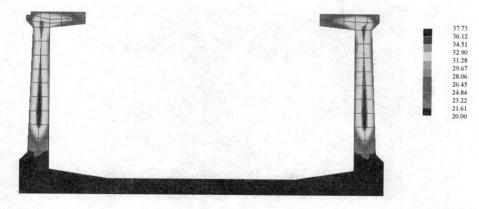

图 6-10　上层混凝土浇筑后 72h 时中间断面温度分布云图

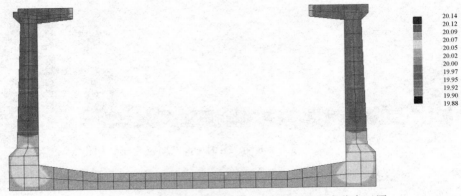

图 6-11　上层混凝土浇筑后 288h 时中间断面温度分布云图

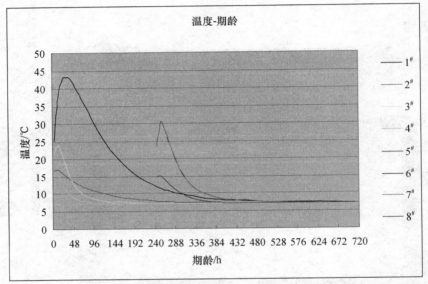

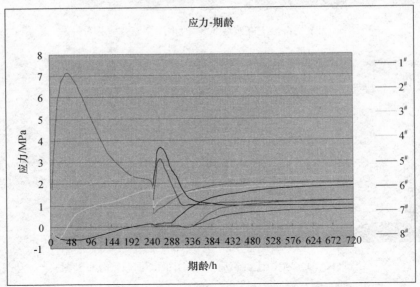

图 6-12　3 月份浇筑典型点温度及应力变化曲线（无防裂措施）

表 6-9　3 月份浇筑渡槽槽身结构混凝土典型点温度及应力特征值统计表（无防裂措施）

部位	浇筑温度/℃	内部最高温度/℃	外部最高温度/℃	内外温差最大值/℃	内外温差最大值出现时间/d	内外温差小于1.0℃的时间/d	内部最大应力/MPa	表面最大应力/MPa
底板	12	24.10	16.61	9.04	0.6	4	1.95	2.40
侧墙	12	30.16	15.19	14.98	10.6	18	0.80	3.68
侧墙底	12	43.29	17.11	28.77	1.5	18	1.90	7.09
结合面	12	30.16	15.18	14.98	10.6	18	1.22	3.13

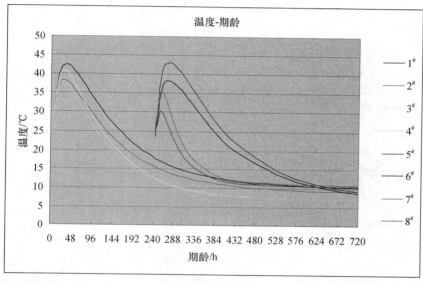

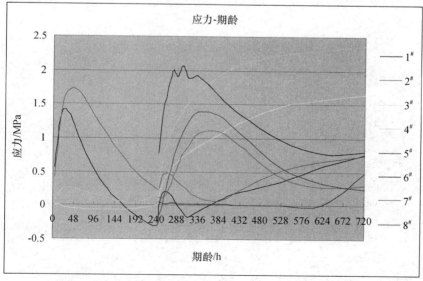

图 6-13　3 月份浇筑典型点温度及应力变化曲线（外贴苯板、侧墙底板通冷水管）

表 6-10　3 月份浇筑渡槽槽身结构混凝土典型点温度及应力特征值统计表（有防裂措施）

部位	浇筑温度/℃	内部最高温度/℃	外部最高温度/℃	内外温差最大值/℃	内外温差最大值出现时间/d	内外温差小于1.0℃的时间/d	内部最大应力/MPa	表面最大应力/MPa
底板	12	40.51	37.81	3.11	2.00	8.00	1.59	2.48
侧墙	12	43.15	38.30	4.89	12.00	26.00	0.46	2.15
侧墙底	12	42.52	38.18	4.94	2.50	—	1.42	1.73
结合面	12	35.13	30.11	5.61	11.00	18.00	1.13	1.43

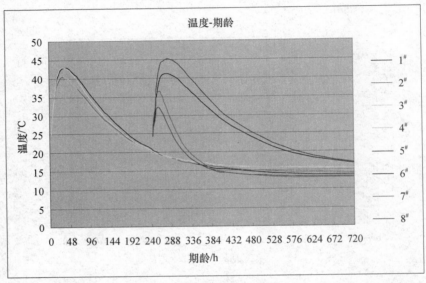

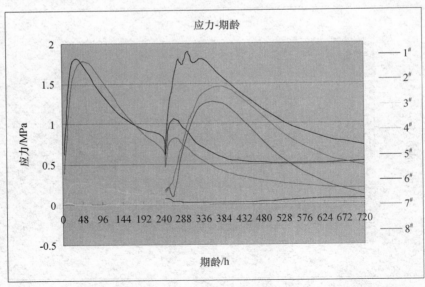

图 6-14　4 月份典型点温度及应力变化曲线（外贴苯板、侧墙底板通冷水管）

表 6-11　4 月份渡槽槽身结构混凝土典型点温度及应力特征值统计表

部位	浇筑温度/℃	内部最高温度/℃	外部最高温度/℃	内外温差最大值/℃	内外温差最大值出现时间/d	内外温差小于1.0℃的时间/d	内部最大应力/MPa	表面最大应力/MPa
底板	12	43.01	40.62	2.54	2	8	0.04	0.29
侧墙	12	45.02	41.10	4.03	12	22	0.09	1.94
侧墙底	12	42.91	40.35	2.97	2.5	10	1.81	1.78
结合面	12	36.31	31.90	4.69	11	16	1.47	1.26

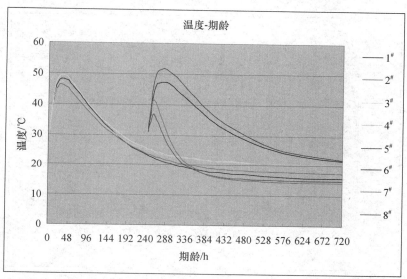

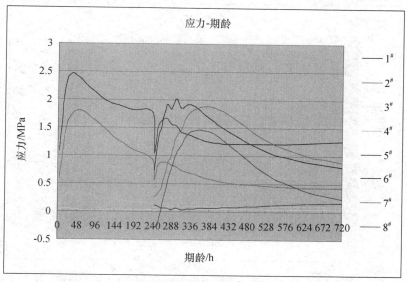

图 6-15　5 月份典型点温度及应力变化曲线（外贴苯板、侧墙底板通冷水管）

表 6-12　5 月份渡槽槽身结构混凝土典型点温度及应力特征值统计表

部位	浇筑温度/℃	内部最高温度/℃	外部最高温度/℃	内外温差最大值/℃	内外温差最大值出现时间/d	内外温差小于1.0℃的时间/d	内部最大应力/MPa	表面最大应力/MPa
底板	19	49.34	46.69	2.71	2	8	0.06	0.32
侧墙	19	51.53	47.41	4.25	12	22	0.18	2.01
侧墙底	19	48.27	46.08	2.46	2.5	6	2.46	1.80
结合面	19	41.18	36.66	5.01	11	14	1.91	1.42

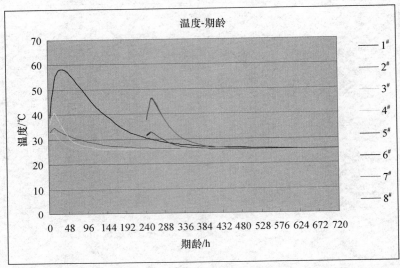

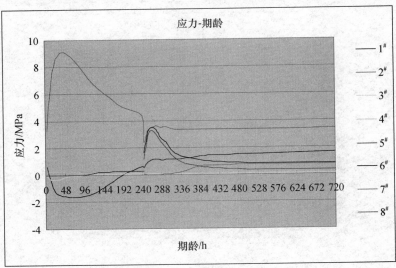

图 6-16　6 月份典型点温度及应力变化曲线（无防裂措施）

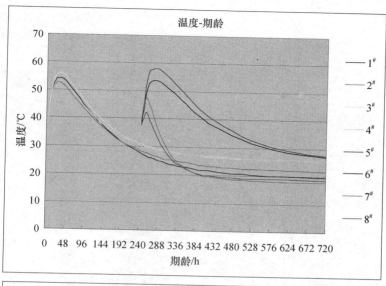

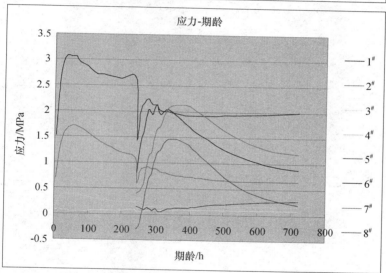

图 6-17　6 月份典型点温度及应力变化曲线（外贴苯板、侧墙底板通冷水管）

表 6-13　6 月份浇筑渡槽槽身结构混凝土典型点温度及应力特征值统计表（无防裂措施）

部位	浇筑温度/℃	内部最高温度/℃	外部最高温度/℃	内外温差最大值/℃	内外温差最大值出现时间/d	内外温差小于1.0℃的时间/d	内部最大应力/MPa	表面最大应力/MPa
底板	26	40.79	33.03	7.76	2	8	0.09	0.30
侧墙	26	45.84	32.96	13.29	12	26	0.30	3.51
侧墙底	26	58.36	34.68	25.74	2.5	6	1.64	9.07
结合面	26	46.23	33.08	13.47	11	18	0.78	3.30

表 6-14　6 月份浇筑渡槽槽身结构混凝土典型点温度及应力特征值统计表（有防裂措施）

部位	浇筑温度/℃	内部最高温度/℃	外部最高温度/℃	内外温差最大值/℃	内外温差最大值出现时间/d	内外温差小于1.0℃的时间/d	内部最大应力/MPa	表面最大应力/MPa
底板	26	55.89	53.18	2.81	2	8	0.09	0.41
侧墙	26	58.16	53.83	4.41	12	26	0.29	2.15
侧墙底	26	54.32	52.29	2.26	2	6	3.07	1.70
结合面	26	47.18	42.32	5.23	11	14	2.15	1.48

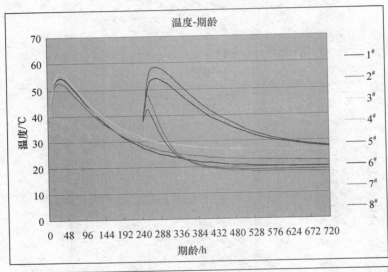

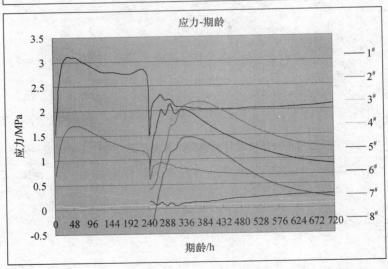

图 6-18　7 月份典型点温度及应力变化曲线（外贴苯板、侧墙底板通冷水管）

表 6-15 7 月份浇筑渡槽槽身结构混凝土典型点温度及应力特征值统计表

部位	浇筑温度/℃	内部最高温度/℃	外部最高温度/℃	内外温差最大值/℃	内外温差最大值出现时间/d	内外温差小于1.0℃的时间/d	内部最大应力/MPa	表面最大应力/MPa
底板	26	56.08	53.43	2.73	2	8	0.10	0.39
侧墙	26	58.32	54.05	4.33	12	22	0.29	2.12
侧墙底	26	54.35	52.43	2.10	2	5	3.11	1.70
结合面	26	47.23	42.45	5.15	11	14	2.17	1.45

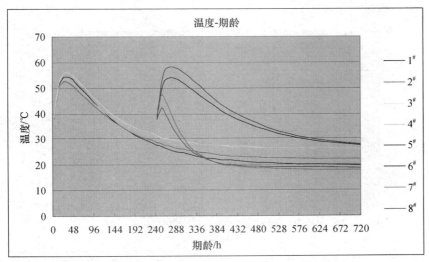

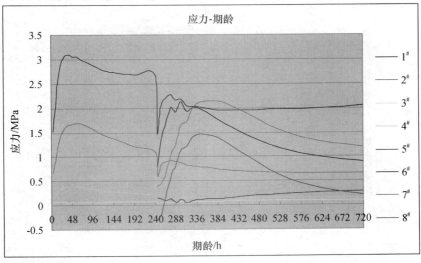

图 6-19 8 月份典型点温度及应力变化曲线（外贴苯板、侧墙底板通冷水管）

表 6-16　8 月份浇筑渡槽槽身结构混凝土典型点温度及应力特征值统计表

部位	浇筑温度/℃	内部最高温度/℃	外部最高温度/℃	内外温差最大值/℃	内外温差最大值出现时间/d	内外温差小于1.0℃的时间/d	内部最大应力/MPa	表面最大应力/MPa
底板	26	55.97	53.29	2.77	2	8	0.09	0.41
侧墙	26	58.25	53.93	4.37	12	22	0.27	2.14
侧墙底	26	54.34	52.35	2.19	2	6	3.09	1.70
结合面	26	47.20	42.38	5.21	11	14	2.16	1.46

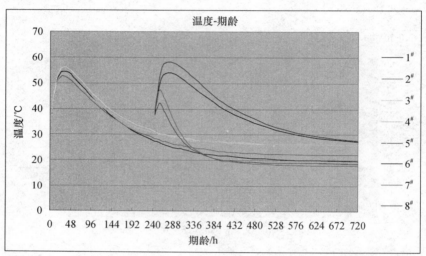

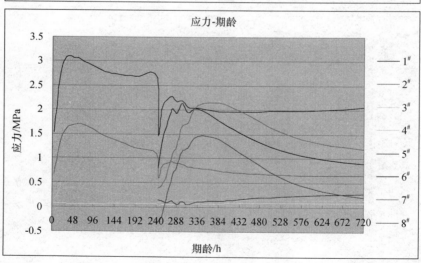

图 6-20　9 月份典型点温度及应力变化曲线（外贴苯板、侧墙底板通冷水管）

表 6-17　9 月份浇筑渡槽槽身结构混凝土典型点温度及应力特征值统计表

部位	浇筑温度/℃	内部最高温度/℃	外部最高温度/℃	内外温差最大值/℃	内外温差最大值出现时间/d	内外温差小于1.0℃的时间/d	内部最大应力/MPa	表面最大应力/MPa
底板	22	48.96	46.37	2.69	2	8	0.02	0.31
侧墙	22	51.13	46.96	4.25	12	22	0.15	2.00
侧墙底	22	47.87	45.67	2.46	2.5	6	2.43	1.79
结合面	22	40.78	36.26	5.01	11	14	1.87	1.41

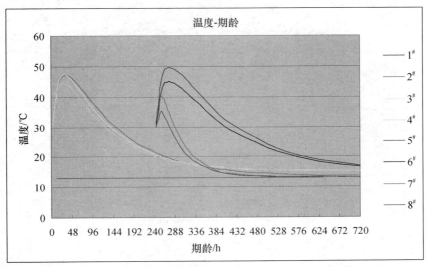

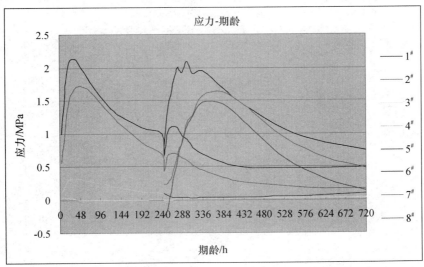

图 6-21　10 月份典型点温度及应力变化曲线（外贴苯板、侧墙底板通冷水管）

表 6-18　10 月份浇筑渡槽槽身结构混凝土典型点温度及应力特征值统计表

部位	浇筑温度/℃	内部最高温度/℃	外部最高温度/℃	内外温差最大值/℃	内外温差最大值出现时间/d	内外温差小于1.0℃的时间/d	内部最大应力/MPa	表面最大应力/MPa
底板	18	47.14	44.39	2.95	2	8	0.04	0.32
侧墙	18	49.62	45.00	4.66	12	26	0.10	2.11
侧墙底	18	47.3	44.13	3.56	2.5	10	2.13	1.72
结合面	18	39.96	35.04	5.44	11	16	1.64	1.48

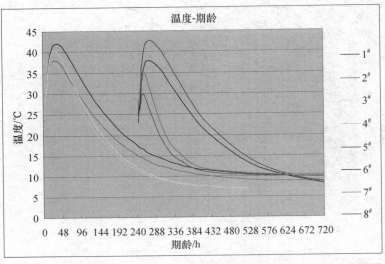

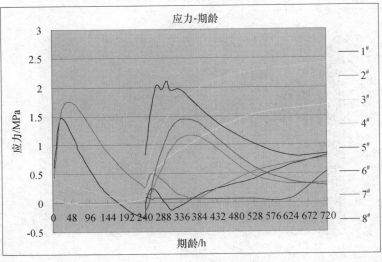

图 6-22　11 月份典型点温度及应力变化曲线（外贴苯板、侧墙底板通冷水管）

表 6-19 渡槽槽身结构混凝土典型点温度及应力特征值统计表

部位	浇筑温度/℃	内部最高温度/℃	外部最高温度/℃	内外温差最大值/℃	内外温差最大值出现时间/d	内外温差小于1.0℃的时间/d	内部最大应力/MPa	表面最大应力/MPa
底板	12	40.09	37.39	3.09	2	8	1.70	2.42
侧墙	12	42.73	37.87	4.87	12	26	0.54	2.12
侧墙底	12	42.12	37.78	4.94	2.5	30	1.47	1.75
结合面	12	34.68	29.70	5.59	11	16	1.16	1.43

6.4.6 计算结果分析及建议

3 月份的计算结果表明，当不采取任何防裂措施时，渡槽混凝土结构的表面因水化热升温造成的拉应力均超过了该期龄混凝土的抗拉强度；而采取保温、降温防裂措施的混凝土表面拉应力大大减小。6 月份的计算结果表现出了同样的现象。计算结果还表明采取冷却水管降温措施后，新老混凝土结合面的拉应力可以得到更大改善，均在抗拉强度允许范围以内。表明通过外保、内降的防裂措施对消减混凝土的温度应力，减少、甚至避免裂缝的产生效果显著。

为了提高该渡槽工程的混凝土抗裂能力，现根据前面的分析和计算结果提出如下几点建议：

① 从刁河渡槽混凝土的热力学性能参数可以看出，混凝土在浇筑初期水化速度快，发热量大，干缩变形及自生体积收缩变形量也偏大。尽管混凝土抗拉强度也在增长，由于混凝土水化热造成的快速增长的表面压应力仍然给温控防裂带来很大困难，施工中必须给予足够的重视。

② 刁河渡槽分两层进行浇注施工。下层混凝土浇筑完毕后经 10d 再浇筑上层混凝土。混凝土仿真计算结果表明：当上层新浇侧墙混凝土温度下降时，结合面部位混凝土受老混凝土约束，内部产生较大的温度应力。造成这种情况的原因主要包括三个方面：

a. 混凝土发热速度较快，新浇混凝土很快达到最高温度，而老混凝土的温度已趋于稳定，这必将引起较大的温差。

b. 新老混凝土结合面附近，上层混凝土在温度下降时体积收缩，而下层老混凝土的收缩变形相对较小，这必将引起相对约束效应。

c. 混凝土的自身体积收缩应变较大，这也是造成较大应力的一个主要原因。

6.4.7 工程测试数据对比分析

对该渡槽结构采取外保、内降的温控防裂措施，钢模外贴聚乙烯苯板保温，同时在侧墙和底板通冷水管散热，在浇筑混凝土时，在渡槽中间断面事先埋设温度测量仪器，本工程采用振弦式测温仪，测温点布置和测点编号与仿真分析相同，如图 6-5 所示，即在渡槽结构中间断面四个关键部位内外各布置一个点，共 8 个测温点。从混凝土浇筑时刻开始对各点温度进行跟踪监测,前 28d 为监测重点。

图 6-23～图 6-26 所示为 2012 年 5 月份浇筑混凝土各点的测试结果,图 6-27 和图 6-28 所示为 7 月份浇筑混凝土部分点的测试结果,与有限元仿真分析结果图 6-15、图 6-18 中相应点的温度变化曲线相比,可以发现二者形状、变化趋势基本一致。水化热仿真分析时采用的浇筑温度是经过试算后确定的最佳浇筑温度,刁河渡槽施工过程中,建议通过冰水冲洗骨料或冰片拌和等方法尽可能地降低混凝土的出机口温度,在运输过程中采取一些经济可行的措施控制混凝土的浇筑温度。由于施工条件的限制和工程成本的制约,施工时项目部并没有对混凝土浇筑温度进行严格控制,致使测试曲线起点位置较高。从测试结果明显可以看出,通过采取外保、内降相结合的防裂措施,使得混凝土表里温差显著降低,这对防止混凝土出现温缩裂缝是很有帮助的。在工程现场发现渡槽内预埋的冷却水管出水温度明显高于入水温度,说明其散热效果良好。

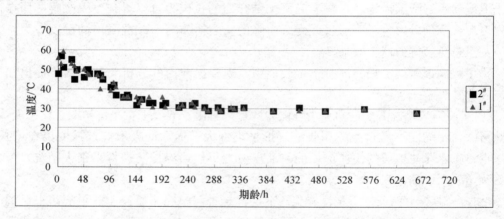

图 6-23　5 月份浇筑混凝土 1# 和 2# 点温度测试结果散点图

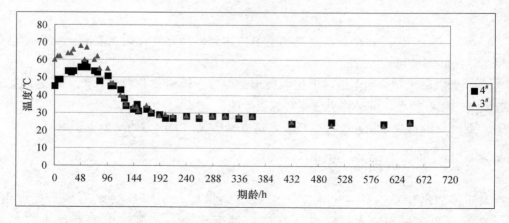

图 6-24　5 月份浇筑混凝土 3# 和 4# 点温度测试结果散点图

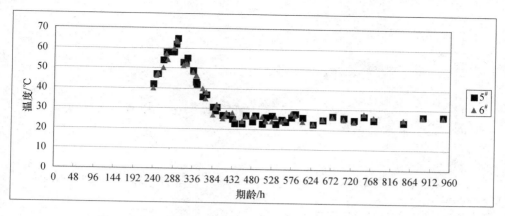

图 6-25　5 月份浇筑混凝土 5# 和 6# 点温度测试结果散点图

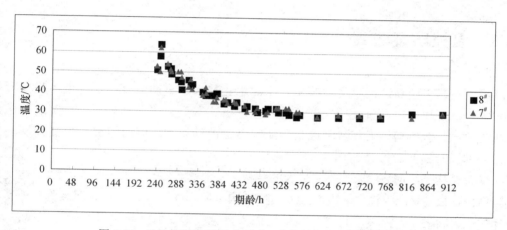

图 6-26　5 月份浇筑混凝土 7# 和 8# 点温度测试结果散点图

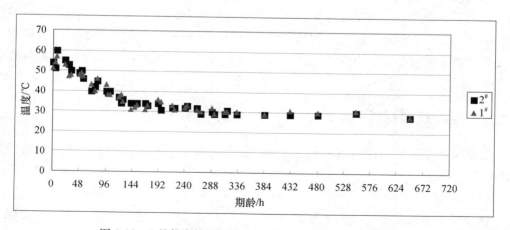

图 6-27　7 月份浇筑混凝土 1# 和 2# 点温度测试结果散点图

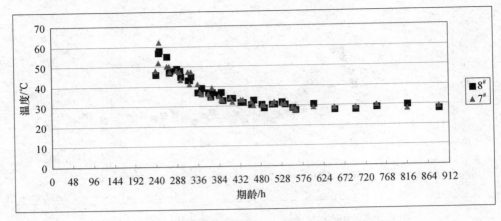

图 6-28　7 月份浇筑混凝土 7[#] 和 8[#] 点温度测试结果散点图

6.5　温控防裂流程

刁河渡槽采用高性能泵送混凝土，水泥水化热大、早期强度高、自生体积变形相对较大、徐变较小、坍落度较大，延性较差；槽体本身为薄壁结构。工程实践及仿真分析均表明，渡槽槽体工程需要控制早期混凝土内外温差，同时需要尽可能控制混凝土的内部温升幅度[4-6]。

薄壁结构是刁河渡槽防裂难度最大的结构之一。承台混凝土由于其体积大，内部放热速度慢，很容易产生较大的内外温差而使结构早期表面出现开裂，后期又受到地基和桩体的强大约束，表面裂缝将进一步扩展成为贯通裂缝。另外，刁河地区昼夜温差大，年内气温变化也较大，同时受到较强的季风影响等，这些均易导致槽体混凝土开裂。

刁河渡槽防裂工作的重点是早期表面防裂：上层薄壁结构和下部承台表面在早期极易出现"由表及里"的贯通裂缝，为温控防裂的重点部位。另外，早期要有效地控制结构内部混凝土温升，避免结构出现"由里及表"的贯通裂缝。对于刁河渡槽混凝土工程的温控防裂主要采用内降、外保（保湿、保温）的措施，其具体措施及流程如图 6-29 所示。

6.5.1　温控防裂材料

新浇筑混凝土的温控防裂材料主要有：保湿、保温材料，遮阳、挡风材料及冷却水管等。

（1）保湿

通过保湿可以有效地减少水分的蒸发，使混凝土表面水泥能够更有效水化。保湿材料主要有塑料薄膜和土工布（一布一膜或两布一膜）如图 6-30 所示，土工布同时具有保温作用，常用于仓面保温和保湿。

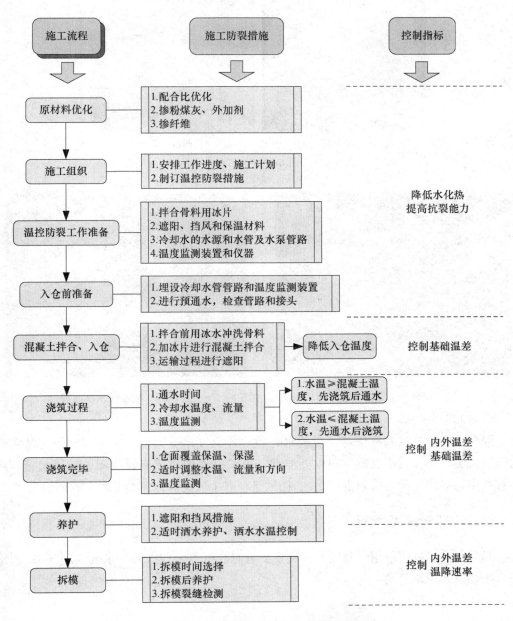

图 6-29　混凝土温控防裂流程

（2）保温

保温可以有效地减小混凝土体内外温差，降低因温差而产生的温度应力。保温材料主要包括工业油毛毡和聚乙烯苯保温板两种。1.2cm 厚工业油毛毡（图 6-31），主要用于仓面保温或隔热；1.0cm 厚聚乙烯苯保温板（图 6-32），主要外贴于钢模板，用于夏季侧面保温或隔热；2.0cm 厚聚乙烯苯保温板，外贴于钢模板，用于春、秋、冬季侧面保温。

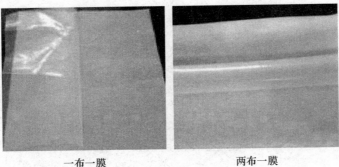

一布一膜　　　　　　　两布一膜

图 6-30　土工布

图 6-31　工业油毛毡

图 6-32　聚乙烯苯保温板

（3）遮阳、挡风

混凝土的内外温差不仅与自身的水化热、外界气温有关外，还与环境风速及太阳的照射有关。为了减小混凝土的内外温差，施工过程中需要架设遮阳、挡风设施。主要有遮阳篷（防止阳光直射混凝土）、挡风篷（减小风速对施工期混凝土的影响）。

6.5.2　冷却管路及水管

混凝土施工过程中用于降温的材料主要有制冷机、冷却水箱、水表（图 6-33）、水泵（图 6-34）及水管等。

图 6-33　水表

图 6-34　小型水泵

工程中用于混凝土内部降温的冷却水管主要有塑料管和铁管，如 PVC 管，壁厚为 3.0mm，内径为 40mm；铁管（图 6-35），壁厚为 2mm，内径为 40mm。

图 6-35 冷却铁水管

6.5.3 温度监测系统

工程中常用的温度监测系统包括测温仪器（图 6-36 为振弦式测温仪）、数字式温度探头及电线等。

图 6-36 振弦式测温仪

6.6 温控防裂措施

6.6.1 配合比优化

混凝土配合比的优化可以有效地减少水化热，降低绝热温升，减少自生体积收缩变形，从而提高混凝土自身的抗裂能力[8-10]。为了进一步提高渡槽混凝土的抗裂能力，除了选择合适的配合比外，可以通过掺加外加剂、外掺料等措施。按照委托方对混凝土原材料厂家、品种、强度等技术要求及初定参数进行的混凝土配合比设计结果，刁河工程可采用如下的配合比和掺加剂：

① 配合比可选数据。胶凝材料总量：水泥：粉煤灰：水：砂：石＝459：413：46：133：640：1158 或 403：322：81：133：671：1164。

② 细骨料砂宜选用天然中砂。若细度模数有变化，应相应调整砂率，细度模数每增加（减少）0.2，砂率相应增加（减少）1％，用水量也做适当的调整。

③ 粗骨料宜选用中石和小石混合。骨料最大粒径为 30mm 时，中石和小石的比例为 55：45；骨料最大粒径为 25mm 时，中石和小石的比例为 50：50。

④ 严格控制水泥、粉煤灰中含碱量，保证混凝土中的总含碱量不大于 $2.5kg/m^3$。

⑤ 渡槽槽身部位的 C50 混凝土，纤维掺量宜为 $0.9kg/m^3$ 左右。

⑥ 混凝土中引气剂掺量应以含气量在 0.035％～0.045％之间为准。

6.6.2　控制浇筑温度

工程经验表明混凝土的入仓温度直接决定了混凝土的基础温差。控制混凝土的浇筑温度可有效降低混凝土的温度峰值，减小结构的基础温差。在规范允许的范围内尽可能降低混凝土的浇筑温度。规范规定：低温季节浇筑温度不宜低于 5℃，高温季节混凝土的浇筑温度不宜超过 26℃。但是对于像渡槽等中小型工程，严格控制浇筑温度指标并不经济，建议在结合工程经济指标的基础上采取可行的措施控制混凝土的浇筑温度。

6.6.3　调节内外温差

内外温差是混凝土产生裂缝的主要原因。浇筑初期，水泥水化释放大量热量，混凝土内部散热慢，表面散热快，使混凝土产生内外温差。后期，随着混凝土中水泥的水化结束内部温度逐渐降低，内外温差随之减小，混凝土产生裂缝的可能性降低。但是若遭遇寒潮或较大的昼夜温差，表面保温不好，混凝土表面也会产生裂缝。

结合工程经验及理论研究成果，为有效提高刁河渡槽混凝土的抗裂安全度，建议施工中在钢模板表面覆盖聚乙烯苯板保温材料，同时采取其他保温措施，将槽身混凝土的内外温差控制在 25℃以内。

6.6.4　通水冷却

在采取外部保温措施后，虽然在一定程度上减少了内外温差，但是由于热量不能有效散发，造成混凝土持续高温，这会对后期的防裂产生不利影响。因此，需要采取措施以释放混凝土的热量。工程中最有效的方法就是在混凝土内部通冷却水，通过水的流动将热量带走，即通水冷却。

通水冷却的主要材料为冷却管，根据材料不同可分为塑料管和铁管。塑料管布置简单，不易漏水，在渡槽等薄壁结构混凝土快速施工过程中应用较多。工程上塑料管的布置大多采用 0.5m～0.7m 的层距和间距。铁管冷却效果相对较好，但是管路布置比较复杂，且接头部位容易漏水，主要应用于结构型式相对简单的混凝土浇筑过程中。

铁管布置的层距和间距通常为 1.0m，管径大多采用 40mm 的内径。水管冷却的降温效果还与通水温度，流速、流向等因素有关，方案设计时要对管距、水温、流速、流向等不同指标进行综合优化，同时兼顾工程的经济效益，选取经济有效的工程温控防裂方案。

6.6.5　控制拆模时间

拆模应在结构内部温度降至接近白天环境温度时进行。为降低拆模所致的混凝土表面冷击力度，拆模时间宜选在白天气温较高的时候进行以避免因外界温差相对较大在混凝土表面产生过大冷击力；同时还要避免突然的暴晒。拆模时间宜选在下午 4 点左右。当昼夜温差、风速过大或出现寒潮时，拆模时间应根据具体情况做相应调整。

6.6.6　预应力施加

合理安排预应力的施加时间可以有效减少前期、后期混凝土裂缝的产生。所以，应该在混凝土降到环境温度和自生体积变形产生之前施加预应力，以起到有效防裂的目的。

6.6.7　实施温度监测

计算参数的准确与否直接影响到混凝土温度分布及温度应力仿真计算结果的可靠性。因此，实际施工的过程中在混凝土内部典型部位预埋温度测量仪器，对起控制性作用部位进行温度及其变化情况的现场追踪监测，了解渡槽浇筑后混凝土温度的变化情况，进而可以正确把握结构内部的实际受力情况及其抗裂能力。同时，根据观测资料进行反演分析，提取真实的计算参数，为下一步混凝土温度及应力计算分析提供可靠依据，实现实时、动态跟踪指导混凝土的施工过程及提出有效的施工方案。

6.7　本章小结

刁河渡槽混凝土结构在施工过程中出现了严重开裂问题，其裂缝产生原因比较复杂，通过现场裂缝普查和分析，初步认定为主要是由于温度应力造成的开裂，但也不排除混凝土干缩和自收缩的影响。利用有限元软件 MIDAS/CIVIL 对渡槽结构进行了建模和水化热仿真分析，结果表明通过采取外保（钢模外贴聚乙烯苯保温板）、内降（渡槽侧墙和底板内通冷水管散热）的防裂措施可以达到很好的抗裂效果，无任何抗裂措施的条件下结构内外温差和温度应力明显高于有抗裂措施的情形，同时控制浇筑温度也能够减小温度应力；并且现场温度跟踪测试结果和仿真分析计算结果基本吻合。最后针对该工程实际情况，基于有限元仿真分析结果，制订了一套温控防裂方案，实践证明抗裂效果显著。另外，把第 5 章通过室内试验提出来的抗裂方法（在钢模内表面粘贴吸水性模板、在拌合混凝土时掺入 2％的叔丁醇减缩剂）在该工程局部范围内试用，证明具有一定的抗裂效果，但考虑到工程成本和造价，项目部并没有大范围地采用这种方法。

参考文献

［1］ 吴中伟，廉慧珍. 高性能混凝土［M］. 北京：中国铁道出版社，1999.

［2］ 富文权，韩素芳. 混凝土工程裂缝分析与控制［M］. 北京：中国铁道出版社，2003.

［3］ 王同生. 混凝土结构的随机温度应力［J］. 水利学报，1985（1）：23-31.

［4］ 朱伯芳. 大体积混凝土温度应力与温度控制［M］. 北京：中国电力出版社，1999.

［5］ 汤正华. 大体积混凝土抗裂措施分析［J］. 云南交通科技，2001，17（6）：17-19.

［6］ 龚召熊，张锡祥，肖汉江，等. 水工混凝土的温控与防裂［M］. 北京：中国水利水电出版社，1999.

［7］ 王勖成. 有限单元法［M］. 北京：清华大学出版社，2003.

［8］ 麦家煊，李惠娟，裴文林. 用断裂力学法研究混凝土表面温度裂缝问题［J］. 水力发电学报，2002（2）：28-30.

［9］ Prediction of creep，shrinkage and temperature effects in concrete structures［S］. ACI209R-82.

［10］ Mak SL，Hynes JP. Creep and shrinkage of U Itra High-strength Concrete Subjected to High Hydration Temperature［J］. Cement and Concrete Research，1995，25（8）：1791-1802.

［11］ Shah S P，Ouyang C，Marikunte S，Yang W. A method to predict shrinkage cracking of concrete［J］. ACI Mater J 1998，95（4）：339-46.

［12］ Wollrab E，Ouyang C，Shah S P. The effect of specimen thickness on fracture behaviour of concrete［J］. Mag Conc Res 1996，175（48）：117-129.

［13］ Karihaloo BL，Nallathambi P. Notched beam test：mode I fracture toughness［A］. Fracture Mechanics Test Methods for Concrete［C］. London：Chapman & Hall，1991：1-86.

［14］ Refai ME，Swartz SE. Fracture behavior of concrete beams in three-point bending considering the influence of size effects［R］. Report No. 190，Kansas State University，Engineering Experimental Station，1987.

［15］ Rossi P，Bruhwiler E，Chhuy S，Jenq YS，Shah SP. Fracture properties of concrete as determined by means of wedge splitting tests and tapered double cantilever beam tests［A］. Fracture Mechanics Test Methods for Concrete［C］. London：Chapman& Hall，1991：87-128.

7 混凝土抗裂能力评价及裂缝治理方法探讨

7.1 混凝土抗裂能力评价

大体积混凝土在各种内外因素（如温度变化、湿度变化和周边约束条件等）的综合作用和影响下，很容易发生开裂。混凝土裂缝是各种因素共同作用的结果。这些引起混凝土开裂的因素主要有荷载所引起的拉应力以及混凝土在凝结硬化过程当中所发生的各种体积收缩变形等，这和结构设计、施工工艺及混凝土材料等许多因素都有关系。人们经过不断的努力和探索，在混凝土抗裂方面已经取得了很多宝贵的经验，但是在混凝土抗裂性评价和抗裂性指标确定方面，问题还比较多，需要进一步对它进行深入的研究和探讨。笔者从分析影响混凝土抗裂能力的各种因素着手，试图确定出比较合理的混凝土抗裂性能评价指标，希望能够对混凝土抗裂有一些帮助。

7.1.1 影响混凝土抗裂能力的因素

（1）混凝土的抗拉强度

混凝土抗拉强度的高低主要取决于水泥浆的抗拉能力以及水泥浆、骨料二者之间的胶结能力，混凝土的抗拉强度越高，其抗裂能力越强。

（2）混凝土的弹性模量

混凝土的弹性模量是指使混凝土出现单位应变所需要的应力大小。混凝土的弹性模量主要受骨料本身的弹性模量和混凝土灰浆率的影响和制约。混凝土的弹性模量值越大，混凝土的抗裂能力越低。通常情况下，混凝土的压缩弹性模量要比拉伸弹性模量稍大，但分析计算时可假定二者相等。

（3）混凝土的徐变

徐变是指混凝土在荷载的持续作用下随着时间推移而不断增大的变形。徐变可以减小大体积混凝土内的温度应力，对混凝土抗裂很有帮助。徐变受很多因素的影响，主要有温度、湿度、水泥类型、水灰比、养护龄期等。混凝土的压缩徐变一般高于拉伸徐变，对于早龄期而言，压缩徐变大约是拉伸徐变的 1.25 倍。

（4）混凝土的线膨胀系数

线膨胀系数越大，由温度变化所产生的变形就越大，在混凝土内所引起的温度应力也就越大，抗裂能力则越差；反之，则抗裂能力就越高。骨料的线膨胀系数是混凝土线膨胀系数最主要的决定因素。骨料的线膨胀系数和岩性有关：石英质骨料的线膨胀系数最大，然后按砂岩、花岗岩、玄武岩和石灰岩的顺序，线膨胀系数依次递减。骨料的线膨胀系数要比水泥净浆的线膨胀系数小，所以水泥用量越多的混凝土其线膨胀系数就越大，相反，骨料用量越多的混凝土其线膨胀系数越小。

（5）混凝土的水化温升

水化温升是制约混凝土温度变形和温度应力的主要因素。混凝土的水化温升越高，那么与最终的稳定温度之间的差值就越高，从而就会在混凝土内产生更大的温度应力，混凝土的抗裂能力就越低。水泥和其他矿物掺和材料的品质及用量、混凝土单位体积用水量等是影响水化温升的主要因素。

（6）混凝土的自身体积变形

强度、徐变和弹性模量等力学性能指标对裂缝的影响已为大家所熟知，混凝土自身体积变形对裂缝的影响也愈加受到重视。水泥的矿物成分是影响混凝土自身体积变形的最主要因素，膨胀型自身体积变形对混凝土抗裂有利，收缩型自身体积变形对大体积混凝土抗裂不利。

7.1.2　混凝土抗裂性指标的研究

国内外有很多学者针对混凝土抗裂性能曾提出过很多评定指标，其中一些指标形式很简单，比如拉压比、热强比、极限拉伸值和抗裂度等；还有一些指标形式比较复杂，比如抗裂能力指数、抗裂安全系数等。仔细分析，发现这些指标各有所长，在一定意义上都能对混凝土的抗裂性进行评价，但都存在着自身难以克服的缺陷，因此不能得到工程界的一致认可。现以混凝土极限拉伸值这个评定指标为例来说明存在的问题。极限拉伸值是指混凝土达到受拉断裂临界状态时的相对伸长量。《混凝土重力坝设计规范》（NB/T 35026—2014）中明确规定，为了预防大坝等结构物出现裂缝，在进行温控设计时，必须明确混凝土在中心受拉时的极限拉伸值这一性能指标。通过大量试验研究发现，极限拉伸值和很多因素有关，在原材料一定的条件下，混凝土的水灰比越小、水泥浆体含量越高、混合材掺量越大，混凝土的极限拉伸值指标就越大，同时混凝土水泥用量增加，水泥水化释放的热量随之增加，从而温控负担加大。工程实践表明，极限拉伸值小但掺入了适量粉煤灰的混凝土其抗裂能力可能比极限拉伸值大的混凝土更强。由此看来，极限拉伸值只能从一个侧面来反映混凝土的抗裂性，并不能用来作为全面评价混凝土抗裂性能的指标使用。抗裂安全系数指标能够更好更全面地对混凝土抗裂性进行评价，但它的计算公式过于复杂，需要的参数和条件（如入仓温度、结构物外形尺寸、材料性能指标、基础约束条件、周围环境温度等）太多，使用起来很不方便[1-5]。

因此，迫切需要制订出一个合理的指标来对混凝土进行抗裂性评价。前面已经指出，影响混凝土抗裂能力的因素主要有弹性模量、徐变变形、抗拉强度、自身体积变形、水化温升和线膨胀系数等，这些因素有的具有独立性，不受或在很小程度上受其他因素的制约和影响，比如混凝土线膨胀系数；还有的因素之间存在着相互关系，比如徐变和抗拉强度，增大抗拉强度可以提高混凝土的抗裂能力，但同时也会减小混凝土的徐变变形，从这个方面来看又不利于混凝土抗裂，所以说二者之间存在着矛盾和相互制约的关系。如果是通过增加水泥用量来提高混凝土的抗拉强度，那么还会引起水化温升增大，从而在混凝土内产生更大的温度应力，这对混凝土抗裂显然也是不利的。所以，选取的抗裂性能指标应该能够用来全面、合理地评价混凝土的抗裂能力，能够真实反映各影响因素之间的相互关系。

混凝土的特性具体表现在很多方面，但从引发结构物破坏的条件来看，变形性能是分析研究的关键。对混凝土变形进行控制就是为了预防混凝土出现裂缝，从而保证结构的整体稳定。为研究方便，在这里把混凝土的变形划分成荷载变形和自由体积变形两种[6-8]。

（1）荷载变形

混凝土由外荷载作用引发的变形，包括弹性变形和徐变变形，可用公式表示为：

$$\varepsilon_l = R_L \ (1/E + C) \qquad (7\text{-}1)$$

式中：ε_l——混凝土由荷载引发的变形（10^{-6}）；

　　R_L——混凝土的抗拉强度（MPa）；

　　E——混凝土的弹性模量（MPa）；

　　C——混凝土的徐变变形（10^{-6}/MPa）。

（2）自由体积变形

在这里，自由体积变形是指由温度变化（主要源于水泥水化所释放的热量）和其他物理化学作用所引发的非应力变形。其自由体积变形 ε_0 可以表示为：

$$\varepsilon_0 = T_r\alpha - G \qquad (7\text{-}2)$$

式中：ε_0——自由体积变形（10^{-6}）；

　　G——除温度变化之外的各种物理化学因素引发的混凝土自身宏观体积变形（如干缩、自收缩、湿胀等，收缩为负值，膨胀为正值，10^{-6}）；

　　T_r——混凝土的水化温升值（℃）；

　　α——混凝土的线膨胀系数（10^{-6}/℃）。

自由体积变形主要是由混凝土自身温度发生变化所引发的，这种变形的出现在一定程度上消耗了混凝土的抗裂能力，因而是负的抗裂能力。

经过上面综合分析之后，笔者引入了一个新名词——混凝土的抗裂变形指数，以此作为混凝土的抗裂性能评定指标，并且把它定义为荷载变形和自由体积变形的比值。抗裂变形指数 B 可用公式表示为：

$$B = \varepsilon_l/\varepsilon_0 \qquad (7\text{-}3)$$

因为混凝土的各项性能指标具有随机性，所以抗裂变形指数也具有随机性，对于不同的混凝土会有不同的值。抗裂变形指数越大的混凝土其抗裂能力越强。

7.1.3　抗裂能力评价效果分析

（1）混凝土的抗裂能力受骨料线膨胀系数的影响比较大

骨料线膨胀系数越小，在其他条件相同的情况下，自由体积变形 ε_0 就越小，抗裂变形指数 B 就越大，则混凝土的抗裂能力就越强。白云岩骨料的线膨胀系数约为 9.66，而正长岩和玄武岩骨料的线膨胀系数约为 7.96，前者大于后者，所以用白云岩骨料制作的混凝土其抗裂能力应该比用玄武岩和正长岩骨料制作的混凝土低，而工程实践也早就证明这个结论是正确的。

（2）混凝土的抗裂能力在很大程度上受到骨料弹性模量的影响

在其他因素和条件相同的情况下，混凝土的抗裂能力会随着骨料弹性模量的减小而提高。仔细分析不难发现其中的原因，一方面因为混凝土的弹性模量受骨料弹性模量的影响很大，会随着骨料弹性模量的减小而减小；另一方面，骨料本身又会明显约束限制混凝土发生徐变变形，骨料弹性模量越小，其对混凝土徐变变形的约束作用就越弱，相应地混凝土就会发生更大的徐变变形，而这些都有助于增强混凝土的抗裂能力。

（3）粗细骨料分别采用不同的岩石类型可以在一定程度上提高混凝土的抗裂能力

试验和工程实践都已表明，如果粗骨料采用玄武岩，细骨料采用灰岩，这样制成的混凝土其抗裂能力要比单纯用玄武岩或灰岩作为粗细骨料制成的混凝土强。因为选取灰岩作为混凝土细骨料砂使用能够增大其抗拉强度同时减小其弹性模量，从而使混凝土的抗裂能力增强。灰岩加工起来方便容易，并且其线膨胀系数比较小，所以在工程中首先应该考虑用灰岩作为骨料，但是如果工程中没有应用足够的灰岩优质人工骨料，可以考虑采用这样的办法，细骨料仍采用灰岩，粗骨料可以因地制宜地选用当地的岩石，这样一方面可以利用灰岩的良好性能，另一方面又可以使其他岩性的粗骨料充分发挥骨架作用，结果混凝土的抗裂性能得到了改善。

（4）混凝土的抗裂能力随其强度等级的提高而逐渐降低

随着混凝土强度等级的提高，混凝土的塑性变形性能下降，混凝土变得越来越硬、越来越脆。混凝土的抗拉强度会因为其强度等级的提高而有所增大，从这个方面来说其抗裂能力应该增强，但实际上抗拉强度随强度等级变化的幅度一般很小。另外，随着混凝土强度等级的提高，其弹性模量会明显增大，徐变变形减小，这都会降低混凝土的抗裂能力。再者，混凝土强度提高的同时，其水灰比减小，水泥用量增大，水泥水化释放的热量增加，从而引起水化热温升变大，这显然也不利于混凝土抗裂。所以，综合考虑各种因素的影响，当混凝土强度等级提高时，其抗裂能力减弱。

（5）在混凝土中适量增加粉煤灰的掺量，可以在一定程度上增强混凝土的抗裂能力

混凝土的弹性模量和绝热温升会随着粉煤灰掺量的适量增加而减小，同时粉煤灰量的增加还会增大徐变变形，这都有利于混凝土抗裂。尽管抗拉强度在粉煤灰的量增

加之后会有所减小，但总的来说，粉煤灰掺量的适度增加最终提高了混凝土的抗裂能力。

（6）混凝土的抗裂能力在一定程度上受到其自身体积变形的影响

水泥的矿物成分和颗粒组成是制约和影响混凝土自身体积变形的最主要因素，收缩型自身体积变形会在混凝土内部引起拉应力，从而不利于混凝土抗裂，相反膨胀型自身体积变形会在混凝土内引起压应力，显然有利于混凝土抗裂。

7.2　混凝土裂缝的治理修补措施

混凝土裂缝的治理修补方法很多，各种方法的修补机理、修补效果、适用条件和具体操作程序等是各不相同的，所以在进行裂缝修补之前，首先应该进入工程现场，对混凝土裂缝进行深入细致的调查和分析研究，对裂缝的外观特点、宽度、长度、深度和扩展延伸方向等进行考察和测量，分析裂缝的形成机理及其主要影响因素，并判断它是有害裂缝还是无害裂缝，如果确定它属于有害裂缝，就要结合裂缝的形式、数量和特点有针对性地制订出一种或几种经济、有效、容易操作实施的方案，在一定范围内对混凝土裂缝进行治理和修补，并对修补效果进行跟踪调查，通过后期反馈的信息，对治理修补过程进行不断的动态控制和优化调整，以争取获得最经济有效的裂缝治理修补效果。工程中经常采用的混凝土裂缝治理修补方法主要有表面覆盖法、压力注浆法、嵌缝封堵法、碳纤维布粘贴补强法、混凝土置换法和仿生自愈合法等，下面对这几种混凝土裂缝治理修补方法进行一一的分析和探讨。

（1）表面覆盖法

这种方法施工操作起来简单方便，在工程中应用很普遍。对于那些稳定、静止的裂缝，常用这种方法来进行修补，修补效果显著。它的修补原理是，通过对裂缝进行密封处理来防止周围环境当中的侵蚀性介质（如二氧化碳、氯离子、硫酸根离子、水汽等）进入，如图 7-1 所示。当混凝土外表面出现了大量宽度小于 0.1mm 的龟裂裂纹时，比较适合采用这种方法进行治理修补。表面覆盖法不仅能用来修补微细裂缝，同时还能对混凝土本身起到保护作用，从而在一定程度上避免混凝土遭受周围有害介质的侵蚀。表面覆盖法又可以进一步划分成两种类型：

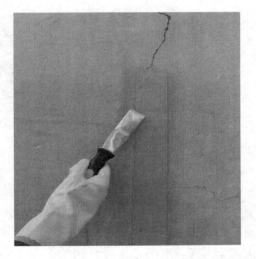

图 7-1　表面覆盖法修补墙面微细裂缝

① 乳液法：这种方法是用水作为分散剂，采用刷涂或辊涂的施工方法，在混凝土结构物的外表面涂覆上聚合物改性水泥砂浆。这种方法的优点是经济价廉、无毒无害、

不易燃烧。但这种材料抗冻性比较差，一般温度低于－5℃时就很容易发生变质，所以在对这种材料进行保管和运输时，一定要避免材料被冻坏，另外这种材料耐水性差，涂抹之后混凝土外表面粗糙，美观性差，温度在10℃以上才能成膜。因而这种裂缝修补方法在寒冷地区不太适合采用[5]。

② 溶剂法：是指采用刷涂或辊涂的施工方法把封缝涂料涂覆于混凝土结构物的外表面，所用封缝涂料均为有机溶剂型，可分成底层涂料和面层涂料。所用材料抗冻性强，可以抵抗－20℃的低温而不发生变质，从而克服了上述乳液法的缺点。另外，所用材料耐水性好，施工后的混凝土表面光亮美观、耐洗刷，抗碱、抗紫外线、抗冻能力强，在负温下也能成膜，适用于环境温度－45℃～30℃。其缺点是价格贵、成本高，耐火性差，储存时容易发生燃烧[5-7]。

（2）压力注浆法（又称注入法）

对于宽度在0.2～0.5mm、对结构整体性有较大影响的深裂缝以及有防渗方面的要求时比较适合采用这种方法进行修补。这种方法的修补原理是，把灌浆材料（如水泥浆、甲基丙烯酸酯、环氧树脂、聚氨酯等）在一定的压力作用下强行注入到混凝土内部，随着灌浆材料的凝结硬化逐渐和周围混凝土胶结成整体，最终达到粘合封闭裂缝、补强混凝土的目的，如图7-2所示。工程中常采用这种方法对渗漏型裂缝进行修补治理，效果显著。采用高压堵漏灌注机，在渗漏型混凝土裂缝中注入一定量的化学浆液，这种化学浆液一旦遇到裂缝中的水分就会迅速分散、乳化、膨胀和固结，当所形成的固结弹性体充满了所有裂缝时，水流就被完全堵塞在了混凝土结构体之外，由此达到了止水防漏的目的。

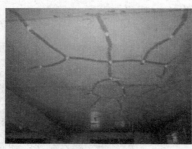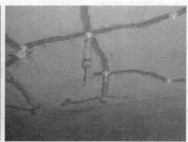

图7-2　压力注浆法修补屋面裂缝

（3）嵌缝封堵法

嵌缝法的操作过程为，首先沿着拟修补的裂缝进行凿槽作业，然后把已经准备好的刚性或塑性止水材料嵌填入开凿出的槽内，以此来达到封闭裂缝的目的，如图7-3所示。聚合物水泥砂浆是实际工程中比较常用的刚性止水材料，塑料油膏、聚氯乙烯胶泥和丁基橡胶等则是比较常用的塑性止水材料。这种方法适用于结构允许开槽而宽度较大但数量不多的裂缝，如墩台或路面混凝土的裂缝。其缺点是凿槽工作麻烦耗时，并且具体操作时容易使周围的混凝土受到损伤，界面处理起来也比较困难复杂。

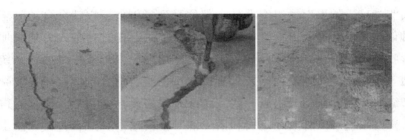

图 7-3　嵌缝封堵法修补路面裂缝

（4）碳纤维布粘贴补强法

这种方法比较适合于用来修补宽度在 0.5mm 以上的混凝土裂缝。此法是指在混凝土裂缝处用结构胶按一定的操作工艺粘贴碳纤维布来进行裂缝修补和治理，如图 7-4 所示，粘贴上这种碳纤维布之后，混凝土的整体性、强度和刚度可以得到明显的提高。这种碳纤维材料的抗拉强度很高，大约是普通钢材抗拉强度的 10 倍，其弹性模量值比钢材略高，耐久性很强；但其密度却很小，不到钢材密度的 1/4，厚度很薄，一般只有 1mm 左右，裂缝修补完之后构件的重量几乎不增加；另外对碳纤维布进行裁剪和粘贴操作都很简单方便，工人易于掌握。和其他粘贴方法相比，采用这种方法能够明显增大结构的强度和延性，不需要大型设备，也不需要进行特殊的养护作业，施工操作简单、快捷。如果裂缝宽度过大，那么在粘贴碳纤维布之前，应该先对要修补的裂缝进行压浆处理。与其他裂缝修补方法相比，碳纤维布粘贴补强法价格相对较高，若采用这种方法进行大面积的混凝土裂缝修补工作，势必会显著提高工程的成本和造价。

图 7-4　粘贴碳纤维布加固房屋和修补裂缝

（5）混凝土置换法

这种方法是指用新的混凝土或其他材料来置换已经发生开裂或损坏的混凝土，从而达到裂缝治理和混凝土补强的目的。具体施工时，首先要把已经损坏的混凝土剔除，随后按一定操作程序置入事先准备好的置换材料。普通混凝土、普通砂浆、聚合物或改性聚合物混凝土和砂浆是工程中比较常用的置换材料。如果要治理开裂损坏严重的混凝土，选用这种方法比较有效。其缺点是所用材料抗冻性差，一般在寒冷地区不推荐使用。

（6）仿生自愈合法

这是近年来出现的一种新型混凝土裂缝治理修补方法，这是仿生学在工程中的一次应用和大胆尝试。如果生物组织在某个部位受到了创伤，它就会自动分泌某种物质来修复这种创伤。根据这一生物学原理，在混凝土的制作过程中人为地添加一些特殊物质，如含胶粘剂的液芯纤维或胶囊等，从而在混凝土内形成一种网络系统，这种网络系统类似于生物体内的神经网络，具有智能型仿生自愈合功能，一旦混凝土某个部位产生了裂缝，它就会自动分泌出一些液芯纤维来修复这些裂缝，使它们得到重新愈合。这种自修复系统可以有效地延缓和消除混凝土内的潜在危害，在混凝土裂缝修补治理方面提供了一种崭新的研究方法和手段，其应用前景将是不可估量的。但从目前研究发展情况来看，这种方法还处在起步研发阶段，需要技术方面的进一步完善，需要开展大量的实验工作进行分析研究，距离将来把这种技术真正普遍地应用到工程中，还有很远的路要走。目前亟待解决的问题主要有：如何选择修复胶粘剂，怎样设计液芯纤维或胶囊，采用何种封入方法，如何控制和调整流出量，释放机理是什么，液芯纤维或胶囊在混凝土内的是怎样分布的，等等[6-11]。

　　混凝土裂缝种类繁多，其治理修补方法也是多种多样，技术发展日新月异，新的方法也会不断地涌现出来。要想取得理想的裂缝修补效果，一方面要做好裂缝的调查和研究工作，从裂缝的外观形式和延伸扩展情况等入手，从根本上弄清楚裂缝产生的原因；另一方面是选用恰当的裂缝修补材料和方法，合理的修补方法不仅能使混凝土结构恢复正常使用，还能提高结构使用时的安全性、延长结构的使用年限。

7.3　本章小结

　　对现有的各种混凝土抗裂性能指标进行了分析和探讨，考虑到现有各种指标在使用上的局限性，笔者在认真分析了各种影响混凝土抗裂能力的因素之后，引入了"混凝土抗裂变形指数"这一性能指标，用它可以很好地对混凝土的抗裂能力进行全面综合的评价。随后，对实际工程中比较常用的混凝土裂缝修补治理措施进行了深入研究和探讨。

参考文献

[1] 吕联亚. 混凝土裂缝的成因和治理 [J]. 混凝土，1999，(5)：43-48.

[2] R. W. Cannon. Controlling Cracks in Power Plant Structures [C]. Con. Int.，1985，(5).

[3] 高越美. 混凝土裂缝解析与防治 [J]. 青岛大学学报，2002，(2)：97-98.

[4] 日本混凝土工程协会. 混凝土裂缝调查及修补规程 [S]. 牛清山，译，刘春圃，校. 冶金建筑研究总院，1981.

[5] 赵文军，曹志勇. 干缩对混凝土结构的影响及防治措施 [J]. 黑龙江水专学报，2003，12 (4)：105-106.

［6］陈路，李凤云．混凝土裂缝的预防与处理［J］．北京：中国水利，2003.

［7］李启棣，吴淑华，李怀素，等．混凝土裂缝修补［J］．北京：铁道建筑，1995.

［8］罗锋．混凝土裂缝产生的材性分析和修补材料研究［J］．国外建材科技，2005.

［9］Yoshihiko Ohama. Polymer-based materials for repair and improved durability：Japanese experience ［J］. Construction and Building Materials，Volume 10，Issue 1，1996，（2）：77-82.

［10］张伟平．混凝土结构钢筋锈蚀损伤识别及其耐久性［D］．上海：同济大学，1999.

［11］（加）西德尼・明德斯（Sidney Mindess），（美）J. 弗朗西斯．杨（J. Francis Young），（美）戴维・达尔（David Darwin）．混凝土［M］．吴科如，张雄，姚武等，译．北京：化学工业出版社，2005.

8 结 论

8.1 本书主要工作总结

对于今后可能遇到的混凝土开裂问题，应先做好现场裂缝普查，认真分析裂缝的形成原因，并针对具体情况采取相应的治理措施，控制裂缝的继续扩展。在工程建设中，决不能对混凝土有害裂缝麻痹大意，应该做到防患于未然。要知道，千里之堤，溃于蚁穴，小小的裂缝如果任其发展，就可能最终破坏掉整个工程建筑，造成不可挽回的经济损失，应该引起足够的重视。

本书经过理论分析和试验研究，主要得到下面一些结论：

① 混凝土产生裂缝的原因很多，产生机理也很复杂，主要有外荷载作用产生的裂缝、混凝土收缩变形受到内外约束时产生的裂缝、钢筋锈胀产生的裂缝、混凝土冻胀产生的裂缝、碱骨料反应产生的裂缝、结构基础不均匀下沉产生的裂缝、施工工艺和质量问题产生的裂缝等，实际上混凝土发生开裂不仅仅是单一因素作用的结果，而更多的裂缝是在混凝土内外各种因素的共同相互作用下产生的。

② 毛细孔表面张力理论只是定性地解释了混凝土自收缩和干缩变形的产生机理，并没有从微观角度进行定量分析。基于这一理论，笔者试着从微观角度对混凝土内单个毛细孔进行数学建模和有限元分析，在混凝土宏观体积收缩变形和单个毛细孔的微观收缩变形之间建立起了数量关系。

③ 经过干缩应变的模拟计算可知，混凝土的宏观体积变形源于微观角度单个毛细孔隙干缩变形的累加，混凝土的干缩变形与毛细孔壁周围的换算围压、孔隙水表面张力大致成正比。据此从微观角度建立了混凝土干缩应变的估算模型 $\varepsilon = \dfrac{1992 \cdot n \cdot \sigma}{2425} \cdot \left(\dfrac{1}{R} - \dfrac{1}{R_0} \right)$。

④ 本书通过表面贴吸水性模板抗裂试验发现，当在模板内灌注混凝土时，在试件外表面粘贴一种特殊吸水性模板，从初期就对混凝土进行表面养护，可以提高混凝土成型时的质量，增大其表面硬度，明显改善混凝土的抗裂性能。

⑤ 减缩剂大多都是表面活性物质，如果向混凝土中掺入一定量的混凝土减缩剂，就可以明显地减小混凝土毛细孔隙内液体的表面张力，从而就能够大幅度地减小混凝土的干燥收缩变形和早期自收缩变形，这就在很大程度上减少了混凝土非荷载裂缝的发生，特别是混凝土早期裂缝更是能够得到明显的抑制。

⑥ 本书通过减缩剂调配试验，发现叔丁醇可以作为混凝土减缩剂使用，并且它经

济价廉、无毒无害、减缩效果明显、对混凝土强度影响不大，在制作混凝土时加入适量的这种减缩剂，可以在很大程度上降低混凝土的早期自收缩和干缩变形，从而可以明显减少混凝土干缩裂缝的出现。

⑦ 结合工程实际——刁河渡槽混凝土工程，进行了水化热仿真分析，并提出了一套温控防裂方案。结果表明，通过采取外保、内降相结合的防裂措施，可以明显地降低结构内外温差和温度应力，应用在该渡槽工程中，抗裂效果显著。

⑧ 该渡槽薄壁混凝土结构开裂原因复杂，除了温度影响之外，混凝土干缩和自收缩无疑也会产生一定的影响，本书通过室内试验研究提出来的两种抗裂方法（钢模内贴吸水性模板养护、掺入适量自配减缩剂）在该工程局部范围内试用结果表明，其抗裂效果较显著。

⑨ 建议采用一种新的混凝土抗裂性能指标——抗裂变形指数 $B = \varepsilon_t / \varepsilon_0$，该指标形式简洁，能够克服现有各种指标的缺点，可以很好地对混凝土的抗裂能力进行全面综合的评价。

⑩ 如果在混凝土结构物中已经有较大、较宽的混凝土裂缝产生了，应请有关人员到现场察看裂缝发生的部位，测量裂缝的长度、宽度及深度，仔细分析裂缝产生的原因，如果是有害裂缝，应根据裂缝的特点选择合理的治理修补方案。比较常见的混凝土裂缝修补措施有表面覆盖、压力注浆、嵌缝封堵、粘贴碳纤维布及混凝土置换等。

8.2　有待进一步研究的内容

本书的研究工作虽然取得了初步的成果，但任重而道远，需要进一步研究的问题还很多，根据研究过程的体会择其要点讨论如下：

① 由于混凝土内毛细孔的分布是杂乱无章的，分析研究起来存在很大困难，所以第 4 章在对混凝土干缩进行微观分析时，引入了很多假设条件，忽略了很多次要因素的影响，比如毛细孔壁可能取值太薄，经过试算发现，适当增大孔壁厚度，干缩应变会有一定程度的减小。另外，分析计算时没有考虑毛细孔壁材料非线性的影响。在一定的环境条件下，随着水分的不断干燥蒸发，毛细孔内凹液面曲率半径随着时间的变化规律也是值得进一步研究的。

② 通过室内试验虽然论证了叔丁醇可以作为混凝土减缩剂使用，在实际工程中也得到了局部试用并且抗裂效果良好，但这种减缩剂对混凝土长期性能的影响以及它是否可以在工程中进行推广使用有待进一步研究。